中国丝绸档案馆馆藏集萃

艺匠绒制

中国丝绸档案馆馆藏像锦档案

苏州中国丝绸档案馆
苏州市工商档案管理中心 编

苏州大学出版社
Soochow University Press

图书在版编目(CIP)数据

艺匠纹制：中国丝绸档案馆馆藏像锦档案 / 苏州中国丝绸档案馆，苏州市工商档案管理中心编. -- 苏州：苏州大学出版社，2024.6
(中国丝绸档案馆馆藏集萃)
ISBN 978-7-5672-3128-3

Ⅰ. ①艺… Ⅱ. ①苏… ②苏… Ⅲ. ①丝织物-档案资料-中国 Ⅳ. ①TS146

中国国家版本馆CIP数据核字(2024)第107016号

书　　名：	艺匠纹制——中国丝绸档案馆馆藏像锦档案 Yijiang Wenzhi——Zhongguo Sichou Dang'anguan Guancang Xiangjin Dang'an
编　　者：	苏州中国丝绸档案馆　苏州市工商档案管理中心
责任编辑：	王　亮
装帧设计：	阎岚云

出版发行：	苏州大学出版社(Soochow University Press)
社　　址：	苏州市十梓街1号　邮编：215006
印　　装：	苏州工业园区美柯乐制版印务有限责任公司
邮购热线：	0512-67480030
销售热线：	0512-67481020

开　　本：	787 mm×1 092 mm　1/16　印张：12　字数：298千
版　　次：	2024年6月第1版
印　　次：	2024年6月第1次印刷
书　　号：	ISBN 978-7-5672-3128-3
定　　价：	198.00元

若有印装错误，本社负责调换
苏州大学出版社营销部　电话：0512-67481020
苏州大学出版社网址　http://www.sudapress.com
苏州大学出版社邮箱　sdcbs@suda.edu.cn

中国丝绸档案馆馆藏集萃

编委会

主　　任：康　岚
副主任：陈　凯
委　　员：谢　静　吴　芳　陈　鑫

《艺匠纹制——中国丝绸档案馆馆藏像锦档案》

编委会

主　　编：谢　静
副　主　编：吴　芳　陈　鑫　牛　犁
执行副主编：赵　颖　栾清照　崔　艺
参编人员：周　济　苏　锦　秦　蓉
　　　　　　刘恺悦　程　骥　胡霄睿
　　　　　　丛天柱　赵文机　余佳隆
　　　　　　刘嘉仪

总 序

  历史学家爱德华·吉本如此回忆给罗马写史的缘起："那是在罗马，1764年10月15日，我坐在卡庇多神殿山的废墟上沉思，忽然传来神殿里赤脚僧的晚祷声……"吉本因此心中首度浮现写作罗马历史的想法。而1764年前后，1762年、1765年，在丝绸之路的另一端，大清国的乾隆皇帝进行了他一生中第三、第四次"下江南"，到苏州则宿于苏州织造府行宫。苏州织造的特殊地位，和《红楼梦》的隐秘关系，它所在时代曾经"东北半城，万户机声，日出万绸，衣被天下"的兴盛，是苏州丝绸历史的言说中几乎必然提及的段落。到1895年，晚清名臣张之洞奏请"振兴苏州商务，开办丝、纱两厂"，以苏纶纱厂、苏经丝厂为先导，振亚丝织厂、东吴丝织厂、光明丝织厂等机器生产的新式工厂相继成立，规模渐增、声誉渐隆，持续了约百年。

  人们说到江南三织造、康乾南巡、《红楼梦》、近现代以来的苏州四大绸厂，在正史、文学创作和街头巷尾编织的故事中，往昔的兴盛传统似乎正顺流而下，而我们也几乎必然生活在或隐或现的传统之中。

  如果要追寻这段历史，毗邻北寺塔的苏州丝绸博物馆、坐落在锦绣丝织厂旧址上的苏州中国丝绸档案馆，都是很好的去处。后者库房之中，珍藏着入选联合国教科文组织《世界记忆名录》的"近现代中国苏州丝绸档案"，以及众多丝绸厂和一部分丝绸研究所的历史档案。包含哪些内容呢？有花名册、工资单、技术文档、实物样品、获奖证书、销售台账、厂报、厂刊等。更生动的是照片，在车间作为先进代表被拍摄而神情骄傲的女工、迎国庆或春节联欢会上兴高采烈的人们、劳动竞赛中跃跃欲试的参赛者、工厂大门口拥挤喧闹的自行车下班队伍。从那种身在国营大厂的自豪感，那种人生展开的蓬勃活力，联想到后来丝绸产业遭遇的挑战、国企改革带来的命运转折，在感慨时运变迁之时，似乎更加体会到了档案文献的价值。

  当编者身处库房，翻阅档案，那些文字和样本如此静默，又似乎充满细微声响，一份绸缎样本可能来自呼吸平稳的张贴，紧挨样本的是手写技术数据时发出的沙沙声，仿佛暗逐芳年、习焉不察的时间流逝之音。在海量的技术档案里穿行，眼前浮现一群专注的工作者，天长日久的投入如同修行。而实物和照片则带来喧嚣：一个奖杯可能来自灯光明亮到晃眼的礼堂，环绕它的是掌声和欢呼；照片的声响来自车间、联欢、竞赛和工厂大门口丁零零的骑车人潮，也许还有暮色中欢快吹响的口哨。

　　档案中的人，一部分已走出被命名为人生的时间，一部分迈入长者之列，他们本身的存在及其所承载的个体记忆，是集体档案之外的珍贵见证和补充。而文献之中、岁月彼端生命力的涌动，今天看来可称为对粗糙环境的面对和克服，给后人留下的光辉历史和丰厚记录，让编者更可理解钱穆先生所言——对历史应保有"温情与敬意"。回到日常，同样在职场和人生中打拼，时光重叠压缩，我们也可借助档案，更借助他们的创造之物或者说产品、作品，来尝试理解他们。这也就联系到了，本系列丛书中对作品的着重展现。

　　"于人之思想中构建和平"是联合国教科文组织的宗旨，自然也是我们致力于世界记忆项目工作的宗旨之一，亦即通过文献和实物，回溯往日时光，塑造身份认同，寻求不同人群之间的对照、理解、尊重和共情。但这份理念抵达人的前提，是呈现人：帮助档案和作品背后的人在引以为傲的职业身份戛然而止之时，通过我们的工作重新确认"我是谁"。基于"我是谁"而获得的尊严和平静、展开的困惑和追求，构成了人之为人的根基，我们一般称其为灵魂。欣慰的是我们编书、办展、制作视频、组织活动、研发文创、到博览会开展互动体验等，此中固然是在努力呈现他人，但也在展现一个作为记忆遗产保管者和传播者的自我。所以，这种自我寻求，在记忆的形成者和传承者之间达到了某种统一，而"温情与敬意"似乎有了更切身的落点和连接。

　　也许读者会觉得本书聚焦于作品，和呈现人可能不够贴近，实则编书只是本馆工作拼图之局部，和同步进行的多形态工作是一个整体。比如百年老厂展览中为了呈现人而陈列的工作证、手写笔记、食堂饭票，布满整面墙的工厂大门照片，就像一个邀约，画面中真人比例谈笑走来的女工，正要和数十年后望之出神的我们擦肩而过。回到作品本身，亦可追问的是：作品从何而来呢？

　　历史学家埃里克·霍布斯鲍姆在论及传统的发明时说：人们为何会默许、欢迎、维护传统的发明？是因为想在巨大的变化之中，重建某种不变。是啊，面对从档案中浮现的百年工业历史，当作为个体的人遭逢时代巨变，史书的一两句话成为个人漫长的季节，试图找到并栖身于某种不变，何尝不是一种救赎。而通过记忆来传承和塑造这种"不变"也就是传统，或许正是对待历史、对待历史中人的"温情"。研究者通常会强调继承传统的两个维度：一个是时间维度，连接过去，因为过去塑造了现在；另一个是空间维度，和当下的人们发生联系。日常生活中我们描述往事，置身记忆和想象的地图，也常用到时空坐标，何时、何地，做了何事。

在时间维度，如果将过去和现在简单视作居于时间两端，过去对现在的塑造并非单向从过去射来的箭矢，也许正相反，至少互有往来。哲学家克罗齐提出"一切历史都是当代史"，每个时代的历史都是根据那个时代的需要和兴趣来理解与构建的。于我们的工作而言，这种理解和构建的开放性是创新的理论支持，只是时代的需要和兴趣如何定义，是否产生排他性？以对史料的选取和展现这一权力来说，落到如编书、办展之中，选取和展现更是贯穿始终的日常事务，此间如何保持开放性，并努力削弱以集体记忆之名或追求圆满叙事而对个人记忆、多元视角的遮蔽，将通过持续的实践来辨析。

在空间维度，我们想讨论记忆遗产工作和当代人的关系。自新石器时代先民开始利用蚕丝起，围绕丝绸生成的文化和历史主要通过实物遗存、行为仪式、语言文字得以传承，三者并非彼此独立，而是互相印证、互相加强。档案馆的馆藏主体是文字记录，丝绸档案中独特而丰富的样本、产品则是一种实物补充。为了增加让人可以参与、可以实践的行为仪式，近年我们在编书、办展的同时，配套举办老工人交流分享活动，邀请丝绸技艺传承人出镜口述历史，以时下流行的密室、剧本杀等形式搭建互动解谜场域吸引年轻人进来探寻历史，等等。这些举动正是为了避免"喃喃自语"，尝试和人群发生更多联系，进而合力促进身份之塑造和传统的传承。

《百年孤独》的作者加西亚·马尔克斯说，"生活并非一个人的经历，而是他的记忆"。那么这种记忆是如何回溯的呢，或者说我们回溯到记忆中去真正触碰的是什么？通常而言是感受吧，可能悲伤阴郁，可能温暖明亮，如果感受朦胧难辨，那么大概率记忆也是空白，像被撕去的日历、被搅乱的梦，恍惚不知所终。因此，联想到历史学家 G. M. 扬的主张，"历史真正的主题，不是已发生的事情，而是当事情发生时人们的感受"。让人迷惘或者解脱的是，感受并非恒定不变，或许当时觉得天大的困难，某日也会笑着说出来。我们时常迎来一些三四十年前甚至更早在丝绸厂上班的女工，她们在百年老厂回顾展播放老影像的空间里相聚和回忆，在展览留言板上和老厂系列的微信文章后面写下工作经历和祝福，那一刻她们似乎回到了热烈的生产现场，正在照看瀑布一般轰响的机器。作为一段历史的亲历者和创造者，她们言语中传达的怀念、骄傲、坚韧和豁达，如同爱德华·吉本听到的晚祷之声，或暮色中吹来的口哨，激励着作为记忆讲述者的我们。

从上面的语境可以看出，作为大历史的一个局部，我们收藏、讲述的并非大人物的英雄事迹，而是普通人的职业和人生。系列丛书展现的作品，也远非名家大作，有的可称精美，有的甚至可谓简朴。基于馆藏资源和机构职能，既然有了讲述历史和传统的便利，那么除了显现一种悠久的传统外，我们还想传达一种"碌碌有为"的价值观。

历史学家王笛在批评英雄史观时谈到，英雄史观不只是影响我们看待历史，更主要的是会影响我们看待自己，会规训每个人对自己的判断，好像平凡的人生就是匮乏甚至失败的。可以想象，这种平凡即无用的判断，可能正悄无声息地影响着我们的自我认同。从文明缓慢的历程来看，动力实则来自无数普通人的行动或操劳，当年丝绸技术档案的填写者、整理者，大概不会想到如此日常的工作，在今天得以进入《世界记忆名录》。截至2023年5月，名录中的遗产总数达到494个，它们"是世界的一面镜子，也是世界的记忆"。以历史档案为物证讲述普通人的努力奋斗和积极生活，为平凡伸张意义，应该也是一种"温情与敬意"，在理想的状态下，还能帮助人们缓解身份危机和生存焦虑，守护内心的某种平和，此种平和正是"于人之思想中构建和平"这一宏大又细微梦想之中的点点星光。

最后，引用哲学家卡尔·雅斯贝斯在《历史的起源与目标》中的话，"历史之统一永远不会圆满实现"，它是目标，但不是经验，历史的开放性又来自人的无限可能性。因此，沿用前文的理路，我们基于历史或过去进行的身份塑造、自我确认，也终究没有圆满无憾的终点。那么作为记忆遗产工作者，会感到失望和气馁吗？非也。因为探问的开放性、人的可能性，在给予自由的同时确证了人的存在。伸张人的主体性，以存在对抗虚无，可能才真正揭示了先哲所言：记忆是灵魂的一部分。

苏州中国丝绸档案馆
2024年3月

前 言

这是本系列的第二本书。

在上一本名为《芳华掠影》的馆藏旗袍档案一书中，我们讨论了积淀于旗袍、丝绸之上的审美意义，在这本关于像锦（影像织锦）的书中，我们想讨论作为编者就像锦这一对象的观看之道。读者翻开此书，大概能立即察觉到它与其他讲艺术品或文物的画册不同，一是文字较多，二是书中像锦基本是工艺美术品，且在局部章节较为趋同，那么呈现它们有何独特意义？下面尝试从三个方面来回答。

首先，谈到像锦对时间和社会记忆的显现。在记载王阳明思想的《传习录》中，有这样一段对话，朋友问，山中花树自开自落，与我们的心有什么关系呢？王阳明答，"你未看此花时，此花与汝心同归于寂；你来看此花时，则此花颜色一时明白起来，便知此花不在你的心外"。在此只以其中的"寂"和"明白"来比拟。本书所选跨时约百年的像锦，深藏库房之时，就像寂寂无言的山中花树，是通过我们来"看"，包括挑选、整理、研究、出版，才得以"明白起来"。书中注重呈现像锦的发展历史、技术细节、工艺特点、美学和文化意义等，但作为记忆遗产机构，我们更希望揭示其承载的时间和社会记忆，或者说，它们就是时间和社会记忆的具象化身。因为时间也好、社会记忆也好，作为一种人造观念，历久以后更是混沌模糊、无法触及，需要有物质实体来塑形和显现，更何况像锦这种有明确图像的载体呢？

书中像锦有些产于民国时期，有些产于20世纪五六十年代，当下已经不易寻获。考虑到这种稀缺性，它们在今天大致处于博物馆级收藏品和日常生活工艺品的中间状态，但正因这种中间状态，才不至于是精致的天上宫阙，而仍是人间烟火的映照。这种和某段历史时期人们日常生活的连接，某种粗糙感和温度，让我们得以探寻丝绸、城市、市民生活的往昔。颇有象征意义的是，书中频现的"织物经向示意"图，只看到无数的点和色块，但就是它们组成了清晰的风景和人像。拓展来看，我们又是通过无数微观的画面，获得逐渐清晰的历史图景。

同时，这种具象的显现不只提供了明确的图像，加上一定程度同质化换来的连续性，以及匹配的文字内容，还会改变对时间流速的感知。无论是对记忆的研究还是人们的日常经验，几乎都支持一个现象：记忆的丰富性让人的主观时间感变慢。如同林中散步，一路细致观察花、草、树、鸟、溪流等，更觉这条路丰富、迷人、漫长。无形的时间、飘忽的记忆也是如此，因为有了具象、有了多维解读而被明确地感知，逐渐变得缓慢、清晰。这大概也是记忆遗产见证时代的某种路径。

其次，想说"观看"的相互与合作。以当下的高频词"讲故事"为例，无论是国家、城市、事业，还是品牌、商品，等等，都热衷于通过故事来包装和推介。也不难理解，故事满足了人们的好奇心和对因果、秩序、意义的需求。这让人联想到艺术领域中的"观念艺术"，相较于作品的物质形态，更强调作品的概念与想法，即创作思想、创作过程、作品、观者的感受，集合起来才是完整的作品。对该领域产生重要影响的哲学家本雅明也主张，艺术品是复合性的，是能量中心，在持续不断的观赏中得到提升。

这种观念对于记忆工作者来说分外贴切。基于似乎寂静的历史文本和物件来讲述故事、解读传统，面向社群进行各种形态的记忆空间构造，都在努力呈现一件档案、一件展品背后之事，从这点来说，其实也是希望表现其承载的审美或文化积淀。具体而言，给馆藏旗袍、像锦、纹样等匹配相应的故事和研究，例如书中对于像锦画面内容的分析解读，对代表性景观如西湖、长江大桥，代表性事件如西湖博览会，代表性风格如红色题材转向等的介绍，进而反映历史，正是这种创作观念的实践。而前文说到，此过程中很重要的一面是读者、观众的观看和感受，通过作者、读者的合作，不断丰富历史记忆的内涵。

最后，想回望一直隐于幕后的人，即创作这些像锦的人们。以同样是表现图像的摄影来说，即便如今拍照如此轻易，也几乎没人是对拍摄对象不做选取的，而一件像锦，手工时期更是费时费力，又是根据什么心理来选择这些题材和画面的呢？除少量考虑外销目标市场的作品之外，简单来说，织锦的画面是创作者自豪的、喜欢的、尊敬的、向往的。其间的心理或情绪，更是一种珍贵的集体记忆，匮乏的、热烈的、有创作冲动的、对未来和远方满怀憧憬的……

在摄影理论中，将拍照看作对时间的显形、捕捉、夺取、腾挪，甚至"放逐"。显形、捕捉和夺取容易理解，腾挪是在说，如果时间像连续的实体水晶卡片，那么留存某一瞬间的画面，则能让当时的景象及其情绪，像卡片一样在不同的时间被移动、被观赏。而我们特别想说的是"放逐"，在日复一日、固守工位的劳作中，他们如何忍受平凡？安抚内心的意义感何来？也许创作者得到的最好奖赏就是创作过程中的忘我，从平凡人生中短暂出逃。人生譬如朝露，通过创作来超越此在此身，追求某种恒久，大概也是一种浪漫和英雄主义。与此同时，还通过作品将影影绰绰的历史，局部地、清晰地送到了今人眼前，并在譬如本书的记忆场域里，让他们来到我们之间，彼此相逢片刻。

从事记忆研究工作，总是倾向于为记忆建立秩序，似乎这样才是一个成果，然而面对作为作品的像锦，更让人磕碰到时间，这里的时间有倾注在像锦上的劳动时间，匠人个体的生命段落，以及芸芸众生的新陈代谢——我们称其为过去或历史。本书对像锦技艺有相当详尽的介绍，旨在助力优秀技艺的传承，同时也不妨据此来延伸关于记忆工作的联想。哲学家海德格尔在《艺术作品的本源》中认为，艺术不止一般理解的创作过程，更是一种"知"的方式，一种接近、了解物甚至世界的方式。他主张作品是一个意义载体，意义需要去除遮蔽，需要揭示、显现出来，类似前文让山中花树"一时明白起来"。若想达成，观看是必不可少的，因此，本书也是一个观看的邀请！

目　录

---------- **001** 像锦历史溯源

T001-011-1267

005 黑白像锦
　　　淡墨写出无声诗 →

T001-011-0933

051 黑白填彩像锦
　　　青绿间以黑白章 ←

T001-011-0893

125 彩色像锦
　　　赤橙黄绿青蓝紫 →

---------- **170** 像锦组织结构之美

173 像锦手工技艺之美 ----------

---------- **176** 后记

像锦历史溯源

中国有着悠久的丝绸历史和璀璨的丝绸文化，在漫长的发展历程中产生了丰富的丝绸品种，锦即是其中之一。在中国历代传统织锦中，蜀锦、宋锦、云锦最具代表性，被誉为"三大名锦"，它们在织造技术体系的传承发展上一脉相承。民国时期在杭州西子湖畔诞生的像锦植根于中国传统织锦的工艺技术土壤，同时借鉴欧洲和日本的纺织技术，是丝绸行业重要的观赏类丝绸产品。

1. 像锦之定名

像锦又称照相织物、织锦画、丝织画等，是丝织人像、风景的总称，它以人物、风景或名人字画等作为纹样，一般由桑蚕丝与人造丝交织而成，经过设计、意匠、轧花、串花、选料、络筒、整经、并丝、保燥、卷纬、织造、检验等工序，制成成品。[①]

在早期的相关研究中，学者常以"像景"称其名，以"锦"作其类。2015年，纺织品考古与修复专家王亚蓉老师提出，一般织物都是以组织划分，"像景"若称为"像锦"更为相宜，算作专门织造真实影像的一种锦，是纬锦的一支系。由此，刘立人认为可将丝织像景织物定名为"影像织锦"，简称"像锦"。[②] 编者认可此观点，书中除直接引用部分遵照原文外，其余均采用"像锦"这一称呼。

2. 像锦之起源

锦是指织有花纹图案的丝织品，汉代许慎撰写的《说文解字》载："锦，襄邑织文，从帛金声。"同时期的刘熙所著《释名》做如下解释："锦，金也，作之用功重，其价如金，故字从金帛。"可以看出，"锦"在造字之初即有"寸锦寸金"之意。

我国织锦的历史可以上溯至三千年前的周代，经过历朝历代的发展演变，陆续出现了蜀锦、宋锦、云锦这三种经典产品。织锦历史上最初的一个代表性品类源于战国而盛于汉唐，即蜀锦，又名"蜀江锦"，至今已有两千年的历史。蜀锦因产于蜀地而得名，分为经锦和纬锦。至两宋时期，随着丝织业的发展，江南地区诞生了极具特色的宋锦，其鼎盛于明清，产地主要在苏州，故又称"苏州宋锦"。宋锦以经线和纬线同时显花，根据其风格和用途可分为大锦（又称"仿古锦"）、小锦、匣锦等数种，以满地规矩几何纹为特色，色彩雅致，织工细腻，艺术格调高雅，追求"诗情画意"的效果。宋锦继承了蜀锦的特点，并在其基础上创造了纬向抛道换色的独特技艺，在不增加纬线重数的情况下，整匹织物可形成不同的纬向色彩，且质地坚柔轻薄。与苏州宋锦同在明清时期兴盛发展的是南京云锦，一种继蜀锦和宋锦之后成长起来的重要织锦品种，形成于元代，主要有库缎、库锦和妆花三大类。其区别于蜀锦、宋锦的重要特征是大量使用金线（圆金、扁金）造织金锦，纹样设计上配以粗厚简练的造型来适应较粗的金线材料，组织设计上则采用一组"接结经"来固结起花的金线，使金线浮长增长，图案更加闪亮。

---

① 赵丰. 中国丝绸通史 [M]. 苏州：苏州大学出版社，2005：642.
② 刘立人，刘婧. 像锦：丝织像景织物名称考 [J]. 江苏丝绸，2015(4)：28–32.

在中国丝织技术不断发展的同时,西方的纺织技术也在逐步革新。18世纪时,法国设计师杨·里维尔(Jean Revel)发明了"坐标纸设计法",即用坐标纸将织造点一个一个地标出,以区分经线起花和纬线起花,类似于今天的点意匠,这在近现代丝绸设计中具有重要的意义。此外,他还在织造中利用两种颜色丝线的混合,使色彩产生渐变过渡,以表现图案阴影的效果和光线的细微差别,使绸面上的花卉和风景栩栩如生。里维尔的发明对像锦的产生有着重要影响。[1]

西方另一项直接促成像锦诞生的发明是贾卡织机。1805年(一说1801年),法国人约瑟夫·贾卡(Joseph Marie Jacquard)在总结前人提花技术的基础上,自主创造出了一种结构合理、方便易操作的新型提花机——贾卡织机。

贾卡织机的核心技术在于"冲孔纹板"系统,将提花装置移到织机顶部,还将卡纸纹板按一个完整图案的要求首尾相接,方便连续运转,真正实现了织物经纬提花的机械化。它不仅简化了提花工艺,减少了提花工序的劳动用工,提高了织物质量,同时还大大增加了提花的纹针数,提高了织造大幅图纹的能力。[2]

贾卡织机"冲孔纹板"技术的问世,使得生产图案复杂的提花织物成为可能。与传统提花织物只能织造简单图案,难以表现细腻复杂的画面相比,贾卡织机在这一方面实现了重大突破,从而织造出真正意义上的丝织"画"——像锦。像锦织物的早期产品,像锦商标和书签,方寸之间的人物、风景、文字、花卉精致动人。随着产品技术的提升,丝织肖像画和风景画也开始出现。

然而,贾卡织机最初遭到了里昂丝织工会的强烈抵制,人们敌视这项新技术,因为它冲击了部分人的利益,手艺高超的工人失业,原本高贵的提花绸缎变成了机器生产的大路货。因此,首先尝试这种新式织机的并非法国人,而是英国人,从而使英国的纺织业获得了巨大进步。此时,法国人坐不住了,1812年法国贾卡织机的数量猛增到18000台。[3]

1825年,贾卡织机被引进到美国费城,不久便在北美大陆流行起来。大约在清末民初,贾卡织机经由日本传入我国。沿海的江浙地区,自然条件优越,经济发达,便于接受西方等外来文化,苏、杭等地丝织厂开始引进贾卡织机织制新颖的提花织物,像锦这种崭新的丝织工艺品在中国应运而生。

关于国内究竟是谁首创像锦的,有两种说法。

一种说法是1917年杭州著名的袁震和丝织厂织成以"平湖秋月"为题材的西湖风景像锦,并有传世品为证,后由其后人捐赠给西湖博物馆。但由于该像锦作品无织造年月标志,其是否首创未能确认。

另一种说法是浙江杭州西湖茅家埠人都锦生(1898—1943年)于1921年(一说1918年或1922年)试织出第一幅像锦《九溪十八涧》。都锦生青年时就读于浙江省立甲种工业学校机织科,毕业后留校任教。在教学实践中,他萌发了用传统织锦技术织造西湖风景的设想。经过半年的反复试验,他

---

[1] 徐铮,袁宣萍. 杭州像景[M]. 苏州:苏州大学出版社,2009:10-11.
[2] 李建亮,王建芳. 中国社会转型下的杭州织锦艺术(1900—1930)[J]. 山东工艺美术学院学报,2017(5):68-72.
[3] 袁宣萍. 像景织物的起源与流布[J]. 丝绸,2007(8):72-75.

在继承前人技艺的基础上有所创新,运用织锦工艺多变色织法,以不同类型的点子来表达风景的层次、远近、阴面和阳面,终于绘制出一幅较为准确的意匠图,并亲自在学校纹工厂的手拉机上织出了第一幅5英寸×7英寸(1英寸=2.54厘米)的《九溪十八涧》丝织风景画。[①]

不管是袁震和丝织厂还是都锦生率先织出了像锦,可以肯定的是,杭州是中国第一幅丝织像锦织物的诞生地。[②]

3. 像锦之发展

都锦生在成功试制出像锦《九溪十八涧》后,开始批量生产像锦产品,畅销国内外。1922年5月,都锦生在西湖茅家埠建立都锦生丝织厂。由于都锦生丝织厂的像锦产品十分畅销,1927年后,启文丝织厂、西湖丝织厂、国华丝织厂等也纷纷仿效,加入了像锦生产的队伍。

随着像锦成为炙手可热的畅销丝织工艺品,国内其他地区也开始生产像锦。与杭州同样有着"人间天堂"美誉的苏州,其本土丝绸企业如苏州大中丝织厂、苏州东吴丝织厂等,依托苏州丝织业的传统优势和资源,相继开发出大量丰富多彩的像锦产品,在织造工艺、表现手法等方面都取得了一定发展。除了杭州和苏州之外,北京、上海、陕西、河南、安徽、江西、山东等地也都有丝绸企业尝试过像锦产品的开发,像锦生产在全国范围内一时间呈百花齐放之态。

像锦工艺与色彩表现也从最为原始的"黑白像锦",逐渐发展为先以黑线和白线交织成像,再以彩色广告颜料绘饰织物表面的"黑白填彩像锦",并在此基础上进一步创新推出"人工换纬"的"彩色像锦",通过"手工换色纬"增加局部色彩及"半手工加工"(刺绣)对局部图案进行立体化装饰。之后,随着技术的进步,又出现了运用彩色数码提花工艺的更具现代化机械生产风格的"彩色像锦"。随着像锦工艺的不断发展,其表现题材也从最初的风景名胜逐渐扩大到人像、字画、摄影作品及其他美术品等。

从使用性质来看,像锦主要充当装饰画、旅游纪念品、馈赠礼品等,不属于日常实用性消费的行列。以陈设工艺美术品形式出现于市场上的像锦,其最大功能在于被"观赏",同时也反映生活于其中的"人"的审美趣味。在国际上,像锦一直以来都是深受海外市场青睐的重要出口丝织产品,一度成为我国出口创汇的主力。中华人民共和国成立后,像锦也受到国家领导人的重视,多次被选为国礼赠送外邦。

[①] 杭州丝绸控股(集团)公司. 杭州丝绸志. [M]. 杭州:浙江科学技术出版社,1999:479.
[②] 徐铮,袁宣萍. 杭州像景[M]. 苏州:苏州大学出版社,2009:22.

黑白像锦
淡墨写出无声诗

黑白像锦系纬二重织物，以一组白色经线与黑、白两组纬线交织而成。白经与白纬形成白色平纹地，白经与黑纬交织成缎纹阴影组织，构成不同的明暗层次，显示景物或人像的形态。[①] 黑色纬线在织物地纹上显现得越多，织物表面上的画面层次就越深；相反，显现得越少，层次就越浅。黑白像锦是像锦艺术发展初期的主要流行风格。

黑白像锦是影光组织中各变化组织在织锦中的运用。它的基本原理是黑白图像按照深浅不同的灰度归并成若干个梯度，每一个梯度对应不同的灰度组织，用组织表示灰度变化（由浅到深）。最简单的是用白经黑纬从经面缎纹过渡到纬面缎纹。它的缺点是单层组织经纬组织点露底而做不到全白，使整个图像发灰。民国初期，都锦生发明的白经与黑白两纬交织纬二重组织解决了这个问题。他采用16枚缎纹背衬平纹的方法，最白组织用白经白纬织平纹（由纹针产生）显表，黑纬32枚经面缎纹（由棒刀组织产生）寓里，没有一点黑色显露，最黑组织用白经白纬平纹寓里，黑纬16枚纬面缎纹（由纹针产生）显表，如图1所示。

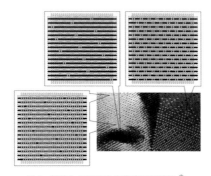

图1 都锦生发明的黑白像锦组织结构[②]

① 赵丰.中国丝绸通史[M].苏州：苏州大学出版社，2005：745.
② 罗群.从经锦到像锦：中国织锦技术变化概述[J].丝绸，2014，51（8）：7-13.

艺匠纹制
006

题名：苏堤春晓　　　　档号：T001-011-1338　　　规格：30.7厘米 × 18.7厘米
类型：黑白像锦　　　　织制厂家：杭州国华美术丝织厂

T001-011-1338

中国像锦产生于杭州，其作品以西湖像锦最具代表性，具有鲜明、强烈的西湖文化特色。作品《苏堤春晓》织制于民国时期，从中景的距离对西湖一隅进行织造刻画，采用平视视角，将湖面作为实景与倒影的分割线，在追求写实风格的同时巧妙地定位出画面的视觉中心，将画面切割成两个部分，一实一虚、一正一反，利用不同景物的高度差异塑造出从左至右、由小渐大的三角形构图，与留白处相呼应，延伸出中国画式的意境美。

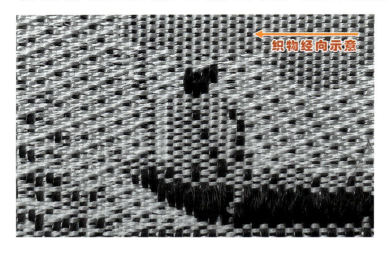

织物经向示意

题名：柳浪闻莺　　　　　档号：T001-011-1335　　　　规格：30厘米 ×19厘米
类型：黑白像锦　　　　　织制厂家：杭州国华美术丝织厂

T001-011-1335

　　作品《柳浪闻莺》织制于民国时期，以西湖上的一座牌坊为主要刻画对象，在布局上将之置于画面中心，作为视觉聚焦点。画面整体由三层景物表现出空间的立体透视性：第一层，前景的婆娑树影，轮廓分明，树叶刻画细腻，覆盖画面上方的两个边角，形成类似舞台帘幕的廓形效果，引导观看者将视觉聚焦点落在画面中心；第二层，中景的建筑，这一部分是整体的重点，

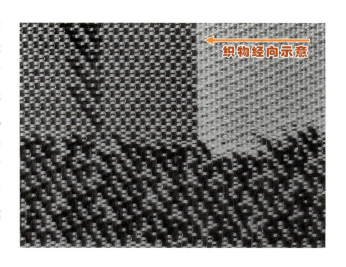

织物经向示意

以一条绿化带为基底，与牌坊整体描绘，以明暗关系色块进行概括表达；第三层，画面最远处的景象，山林与高塔融为一体，以剪影手法体现。画面整体通过黑白色块粗细关系的刻画，区分虚实设计，在视觉效果上形成前后的拉伸作用，呈现出较独特的抽象风格。

题名：西湖平湖秋月　　档号：T001-011-0890　　规格：29.5 厘米 × 19.7 厘米
类型：黑白像锦　　织制厂家：杭州都锦生丝织厂

T001-011-0890

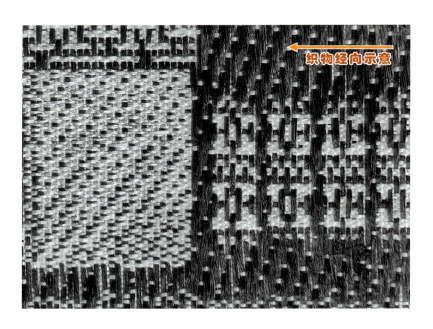

织物经向示意

作品《西湖平湖秋月》织制于民国时期，与本书第二部分的黑白填彩像锦《西湖平湖秋月》在构图、造型、角度等方面颇为相似，是同一画面的两种不同艺术风格的表达。

本作品采用动静结合的构图，以黑白光影进行表达，取湖面上划船的蓑衣客、岸边坐落的庭院建筑作为主要对象。前者是动态的瞬间捕捉，位于画面的左半部分，蓑衣客手中的船桨似乎在下一刻就要划破水面，推动船只前行；后者是静态的写实描绘，弯翘檐角、四方屋盖、廊道立柱、门上窗棂皆为中式建筑的典型元素，粉墙黛瓦的中式房屋错落排布，与三四棵树木共同充盈画面右侧。画面中前景的细致描绘与远处的虚渺山影营造出立体感、空间感。湖水与天空渐变自然，水面波光粼粼，尤为逼真，强化了风景像锦的写实特性。

艺匠纹制

010

题名：鸳湖三塔　　档号：T001-011-1433　　规格：57.5厘米×42.5厘米
类型：黑白像锦　　织制厂家：杭州国华美术丝织厂

T001-011-1433

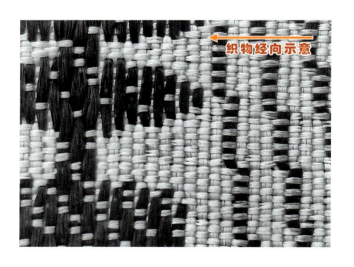

黑白像锦作品秉承相对一致的单色光影刻画风格，但在光影过渡的织物组织处理上分化出不同的质感。作品《鸳湖三塔》织制于民国时期，以三座塔楼为主要表现对象，将其放置在画面中心的视觉焦点位置。相较于主体塔楼的细节塑造，周边房屋与树木的刻画被简化为块面表达，只通过沿湖远处的风景缩绘与前景形成简洁的空间对比关系，画面效果相对单一且突出。从组织示意图可以看出，此作品的黑、白色线排布尤为干净清晰，并未产生过多细腻的过渡关系。

题名：毛主席纪念堂	档号：T001-011-1648	规格：57 厘米 × 27 厘米
类型：黑白像锦	织制厂家：中国杭州织锦厂	

T 0 0 1 - 0 1 1 - 1 6 4 8

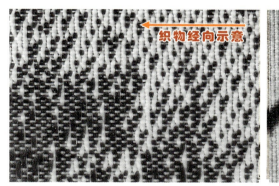

　　作品《毛主席纪念堂》织制于 20 世纪六七十年代，画面以纪念堂为中心，选用大透视视角的全景景观，不仅有纪念堂本体，还有绿化带及周围的建筑群，虽然画幅不大，但场景之庞大让观者得以感受到毛主席纪念堂的气势磅礴。画面整体黑、白、灰层次分明，主体物等一众景观都刻画得清晰明了，纪念堂建筑部分强烈的黑白对比使其在画面中处于视觉中心，远处的建筑则用浅灰色表达其景深的层次感。画面内容的趋势为从左下向右上，直至画面外，使画面更加具有延伸的美感。

　　与画面中的黑、白色线交织处理不同，左上角的题字部分采用了色绘的手法，即在白色平纹地组织上用黑色颜料书写出"赠：重庆市江北区百货公司"字样，字体边缘显示出液体颜料的自然渗透状态。题字内容也印证了这一时期像锦作品常被作为赠礼的现象。

艺匠纹制
012

题名：西湖三潭印月　　档号：T001-011-1041　　规格：20厘米 × 15厘米
类型：黑白像锦　　　　织制厂家：杭州都锦生丝织厂

T001-011-1041

　　三潭印月是中国水上园林的代表，是西湖中最大的岛屿。今岛上园林建筑物有十多处，分别为小瀛洲轩、先贤祠、闲放台、九曲桥、开网亭、亭亭亭、迎翠轩、花鸟厅、御碑亭、我心相印亭等。西湖因有了三潭印月，形成了湖中有岛、岛中有湖的独特景观，历来为人所称道。作品《西湖三潭印月》织制于民国时期，取材自西湖廊桥中央的亭台，布局上将纵深的廊道与横向的廊道设计成T形，通过对前景廊道的近大远小刻画，强调整幅画面的焦点透视类型，模拟出站立在廊道上行人的第一人称视角，营造出身临其境的观感。画面中树木、建筑、砖石、木柱等刻画得细腻逼真。前景平铺的石板上似有雨后残留的水渍，磨砂的石面与水面的反光栩栩如生。弯弯曲曲的廊道连接到了亭台，并向远方延伸。寥寥几棵树已无树叶，指向了秋冬的萧瑟清冷。画面的留白被分割成了三块，恰到好处地烘托了画面的意境，是一幅值得回味的佳作。

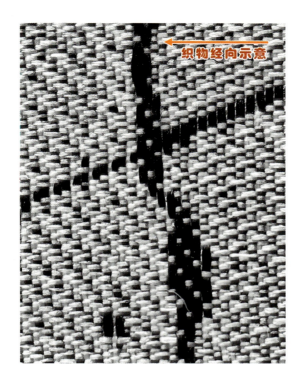

←织物经向示意

黑白像锦
淡墨写出无声诗

013

艺匠纹制
014

题名：六和钱潮　　档号：T001-011-1306　　规格：25厘米×37厘米
类型：黑白像锦　　织制厂家：中国杭州织锦厂

黑白像锦 淡墨写出无声诗

中国像锦是在近代商业绘画作品引导下根据社会消费特征不断创新设计而产生的。从中国像锦的产品性质来看，早期的黑白像锦品种多是以西湖附近的风景名胜为题材的装饰画，常作为旅游纪念品或礼品，长宽尺寸从10厘米到30多厘米不等，可以说是一种带有很强地域文化色彩的工艺品，具有一定的艺术价值和经济价值。

作品《六和钱潮》为中远景取景，将表现对象整体放置在画面的下方，将天空部分设计成留白，强化了整体静谧的氛围感。中心的塔楼、树丛、房屋以重色调吸引视觉焦点，前景的湖、滩丰富了明暗层次，细节的刻画十分亮眼。前景的湖滩上石砾、水坑、泥壤等造型逼真，中心的树丛亦是层层叠叠，远处塔楼层层叠加，呈现出如同工笔山水画一般的意境之美。

艺匠纹制 016

题名：辽宁北陵　　档号：T001-011-0891　　规格：30厘米×19.3厘米
类型：黑白像锦　　织制厂家：杭州都锦生丝织厂

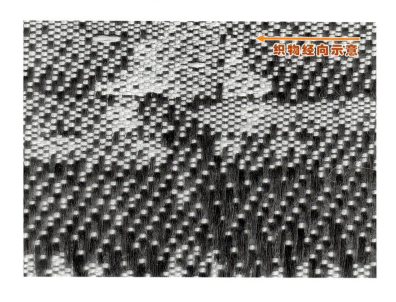

辽宁北陵即清昭陵,是清太宗皇太极和孝端文皇后博尔济吉特氏的陵寝,因位于沈阳北部,俗称"北陵"。作品《辽宁北陵》织制于民国时期,画面取景陵园内隆恩门与西配楼等代表性建筑,左上角大面积留白的同时缀有"辽宁北陵"四字,各主体物形成和谐的三角构图,凸显出隆恩门的气势磅礴。该像锦对庞大场景的刻画细致入微,画面采用了柔和的自然光,更加突出了古建筑精雕细琢的风格,一砖一瓦都彰显着像锦的精致巧工。织物背面为黑白单色"负片"状态,建筑主体明亮,而天空等空白处暗沉,图像呈现出与实际景象相反的颜色和明暗关系,别具一格。

艺匠纹制 018

题名：西湖博览会桥　　　档号：T001-011-1154　　　规格：26.2厘米×19.6厘米
类型：黑白像锦　　　　　织制厂家：杭州上海启文美术丝织厂

T001-011-1154

西湖博览会桥是为第一届西湖博览会的召开而建造的木桥，依山傍水，既有赏景功能，又是西湖上一道名景。作品《西湖博览会桥》织制于民国时期，以观者视角从岸上望向木桥，桥与对岸的亭子等建筑坐落于画面中间偏左位置，右边树木与杂草的遮挡使画面层次更加丰

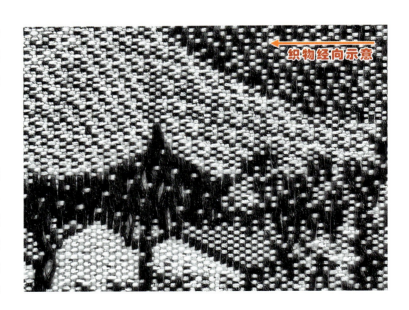

织物经向示意

富,且更有延伸感,与古画中的折枝花鸟画有异曲同工之妙。从色调上看,左边木桥等主体物系较为分散的小色块,右边的树木则处理成大面积的深灰与黑,既压住画面,又与浅灰的水面相融合,更好地衬托出木桥。在组织细节的处理上,近景树木黑色线显色较多,远处主体对象亦然,湖面则以连贯的点状显色晕染出自然通透的质感。

值得一提的是,由杭州上海启文美术丝织厂织造的《西湖博览会桥》黑白像锦极具史料价值。1929年举办的第一届西湖博览会是中国展览史上规模较大的一次盛会,从6月6日开幕至10月20日闭馆,历时137天,博览会参观人次达2000余万,刺激了当时萧条的工商业,促进了社会经济的发展,也为以后的会展积累了宝贵的经验。蔡元培在《西湖博览会筹备特刊题词》中指出,西湖博览会"用以提倡国货,激进工商设计至善""将来国产蓬勃,外货抵制,皆于此会肇其基",点明了促物产之改良,谋实业之发达,是西湖博览会设立的重要理由。①

为方便观展,当时的杭州市政府特地在西湖上搭建了临时通行的桥,称作"西湖博览会桥",成为西湖一景。人们纷纷留影纪念,丝织厂则将这座有历史纪念意义的临时建筑迅速织制成黑白像锦,用作博览会和相关活动的纪念礼品。此桥后因腐朽严重于1942年被拆除,像锦《西湖博览会桥》则成了弥足珍贵的历史见证。

---

① 陈永怡.论中国早期高等设计教育的特点:以国立艺术院为中心[J].装饰,2014(3):95–97.

艺匠纹制
020

题名：庐山老母亭　　　档号：T001-011-0993　　　规格：15.2 厘米 ×9.7 厘米
类型：黑白像锦　　　　织制厂家：上海锦艺丝织厂

T001-011-0993

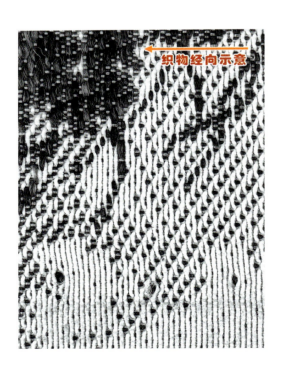

　　庐山老母亭又名庐山斗姆亭，为一圆形攒尖顶石亭，始建于明代，石混凝土结构。作品《庐山老母亭》中主体物位于右下方，左侧和上方各添加树、山、云等自然景观，丰富了画面的层次感。同时，左侧留出大面积的浅灰和白，体现出留白的艺术美感，使亭子与周边景观相得益彰。右下角的树枝使得画面中心元素有相互遮挡关系，同时左下角的山峰与树梢亦互相遮挡，层次分明，疏密得当。

黑白像锦

淡墨写出无声诗

021

题名：包钢一号高炉出铁纪念　　档号：T001-011-1650　　规格：90 厘米 × 48 厘米
类型：黑白像锦　　　　　　　　　织制厂家：不详

T001-011-1650

作品《包钢一号高炉出铁纪念》织制于 20 世纪 50 年代，为中远景取景，选取对象为现代工业化生产的代表性建筑形象。不同于早期像锦作品聚焦亭台楼阁、湖光山色等自然景观及传统建筑，这幅像锦带有直观、强烈的时代个性。在重工业发展阶段，此类工厂与大型机器设备逐渐建立并扩展开来，复杂而精密的机械结构使得画面本身具有了丰富的细节内容和层次感。在构图与造型设计上，减弱了远近空间的比例对比差异，更趋向于平铺式地由左至右推展开。画面中的黑白对比极其鲜明，是融入了西方艺术风格的写实作品。

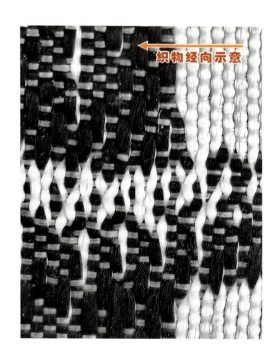

织物经向示意

艺匠纹制
022

题名：群马图　　档号：T001-011-1267　　规格：68厘米×31厘米
类型：黑白像锦　　织制厂家：中国杭州织锦厂

T 0 0 1 - 0 1 1 - 1 2 6 7

织物经向示意

作品《群马图》选用了中国水墨画中具有代表性的一幅作品《群奔》作为表现对象。由六匹奔驰状态的骏马充实画面，马匹色相不一，有深有浅，有明有暗。近处的五匹马腾空而起，其飞驰的状态似乎要突破布面，栩栩如生。远处的一匹马虽初露马首，却使画面生成主体前后递进关系，为作品层次关系表达中不容缺失的部分。在细节刻画上，马匹躯干处边界分明，毛发处轻盈飘逸，表现出骏马疾风而驰的奔腾状态。对马匹躯干和毛发处的织造工艺的要求也截然不同，作品对明确和虚化的区别表现需要织造者细致的观察与高超的技艺。地面抽象化的落笔亦是如此。

原作《群奔》由徐悲鸿于1940年创作于喜马拉雅山麓的大吉岭。姿态各异的奔马动态的前后遮挡关系通过"曲直相结"实现：从昂扬嘶鸣的马首至疾驰错落的马蹄均依据双曲线起伏设置。作者以浓淡干湿的微妙变化打破了传统画马的造型程式，将西方绘画的明暗造型及解剖学知识融于中国传统水墨画技巧之中，开创了令人耳目一新的写意画马技法。

题名：和平鸽　　　　档号：T001-011-1181　　　　规格：40.5 厘米 × 25.5 厘米
类型：黑白像锦　　　织制厂家：杭州都锦生丝织厂

T001-011-1181

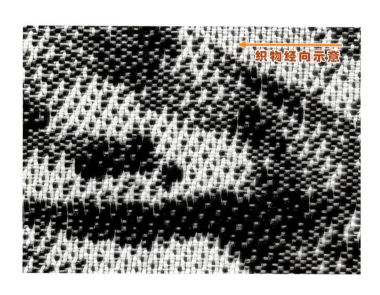

作品《和平鸽》风格较为独特，在一众塑造精细的像锦织造对象中尤其突出。其艺术风格偏向于对速写作品的摹刻，主体直观简洁，一只振翅起飞的鸽子充实了画面，形象生动，描绘的线条笔触随性，粗细交错，层层铺设，以浓墨深化远处空间的内容，塑造立体感，松散的线条排布强化了羽毛的轻盈感。像锦织造工艺的诠释增强了主体的肌理效果，使画面极具视觉冲击力，也值得驻足回味。通过题字可知这幅作品是欧阳觉文、陈世奇二人于 1961 年 12 月 23 日赠予唐竞成的 20 周岁纪念品。

艺匠纹制 024

题名：子昂百骏　　　档号：T001-011-1599　　　规格：116.8 厘米 × 26.1 厘米
类型：黑白像锦　　　织制厂家：杭州国华美术丝织厂

T001-011-1599

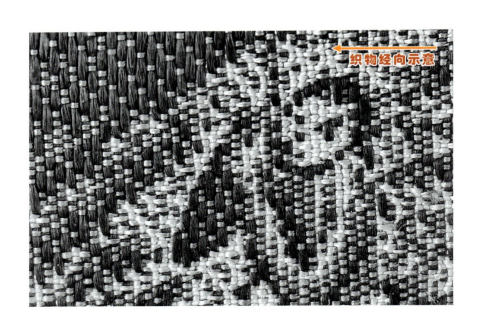

织物经向示意

T001-011-1599

  作品《子昂百骏》织制于民国时期，描绘了姿态各异的骏马放牧游息的场面。画面中心和左侧皆有一人骑于马上，而右侧则有帐篷营地与休闲人群。马群中的马匹形神各异，有的怡然自得地休息，有的回顾后方马匹……作品并未使用过多技法，而是用简单朴实的线条勾勒出一幅天高云阔的自然场景，丛丛杂草和树枝繁茂的黑、深灰面被小河分隔开来，使得画面透气而不沉重。同时，织造者也在丝线的用色上将画面前后层次拉开，如白马身后场景为深灰草地，黑马身后场景为白色水面，等等，使得画面既有整体轮廓又有破格之处。

  国画题材像锦在装潢形式、居室陈列功能上借鉴了国画艺术，以丝织工艺仿制名画反映出消费过程中受众慕雅、尚雅的艺术观念。"仿名画"是像锦装饰功能从个人空间（书房）转向公共空间（餐厅、客厅）的重要表征。"装裱"成为国画题材像锦艺术欣赏的重要对象。随着像锦幅宽、幅长的不断拓展，国画题材像锦的装潢形式逐渐丰富，包括立轴品式、条屏、卷轴品式、镜片和斗方等。

艺匠纹制
026

题名：熊猫　　　　　档号：T001-011-1073　　　　规格：27厘米 × 45厘米
类型：黑白像锦　　　织制厂家：中国杭州织锦厂

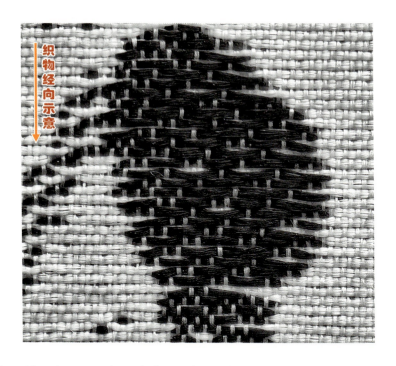

作品《熊猫》织制于20世纪70年代，以水墨风格的国画《熊猫》为摹照蓝本。元素的描绘直接简练，画面主体为两只熊猫，怀抱竹叶正在进食，一正一侧，憨态可掬；右上角为墨色竹林，虚实相生，竹节的坚韧与竹子的挺立生动逼真。熊猫身上采用大笔触渲染，描绘出毛发茂盛的毛绒感，与竹林的笔风形成强烈对比，构成极具中国国画特色的意境画面。

从传统织锦工艺中脱胎而来的像锦艺术担负着展现材料美、技术美及表达情感诉求的使命。像锦艺术中，不同材质和工艺在不同时期通过求新求变的技法表现其艺术特点。在空间展示上凭借各种材料本身不同的视感、触感甚至嗅感，像锦艺术完成了与人、与社会之间的对话，其形式是全新且独具个性的。此幅像锦除了织造了原画的落款、钤印之外，还在"天""地"两端分别织出原作名称、作者、织制厂家、尺寸，传达给受众丰富且完整的作品信息。

艺匠纹制

028

题名：丛中一群　　档号：T001-011-1235　　规格：42厘米 × 70厘米
类型：黑白像锦　　织制厂家：中国杭州东方红丝织厂

T001-011-1235

作品《丛中一群》偏暖暗色调，远处的光源与画面左下角的阴影相呼应，形成光感上的方向关系。作品主体由一群白鹅构成，它们千姿百态，或展翅，或蹒跚，或直面前方，或左右张望，其动态刻画得生动自然。构图上采取对角斜向的切割形式，巧妙利用岸边小路与河道的边界强调出构图的结构线。这种通过明暗对比表现光感、分割画面的处理方式，是像锦艺术独特而又丰富的形式美语言。此外，不同色彩、肌理及质感的材料相互之间形成的刚与柔、直与曲、明与暗、轻与重的对比，可以激发出欣赏者的快乐、宁静、激越等各种情绪，给欣赏者带来丰富的审美感受。

艺匠纹制
030

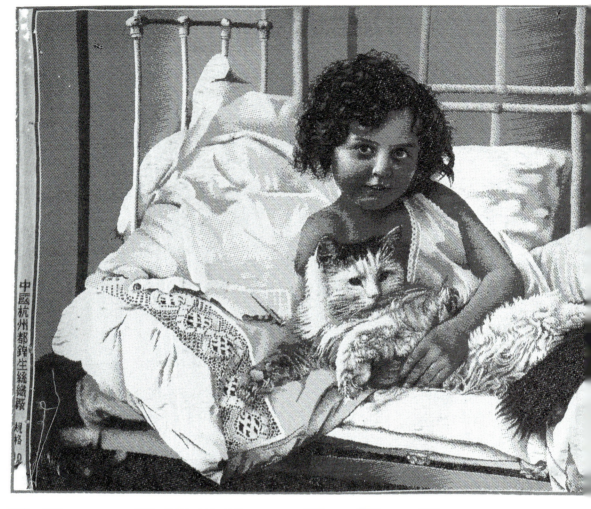

题名：烂漫　　档号：T001-011-1177　　规格：40.2 厘米 ×26.3 厘米
类型：黑白像锦　　织制厂家：杭州都锦生丝织厂

T 0 0 1 - 0 1 1 - 1 1 7 7

　　作品《烂漫》以黑、白、灰三色构成，在光源表达和明暗区分的设计上，降低了主体人物及宠物的亮度，在较深的灰色调中强调明暗关系，意在指出光源方向，使画面描绘得更加自然。同时，作品主体部分存在大量且多样的毛发类型，例如刻画小女孩的卷发与猫咪身上的绒毛，便是通过控制织物的走向和过渡风格营造出不同的质感。主体周围的环境整体明亮，织有花纹的枕头和被

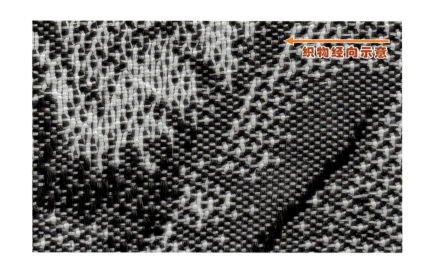

子堆积在两侧,表面褶皱繁多且刻画细腻,足以表现出织造者的功底。

此像锦巧妙处理光影,将人物及动物刻画得栩栩如生,此类技法能够在特定的空间氛围中营造出独特的视觉感受。像锦的创作过程就是在创意"内力"的驱使下对材质的二次深度加工,更代表一种艺术的升华。在这幅像锦中,创作物的材质对于设计者来说不再是传统意义上的丝织物,而是烙上了特定的情感因素,它们与创意的出发点紧密地融合于一体,成为准确表达情感的符号之一。

艺匠纹制
032

题名：健康美　　　　档号：T001-011-1384　　　　规格：21.5厘米 × 32.5厘米
类型：黑白像锦　　　织制厂家：杭州上海启文美术丝织厂

  油画作品也是像锦创作的常见参照对象之一。作品《健康美》织制于民国时期，以黑白为基调，描绘了一个妙龄女子溪边静坐的景象。女子作为画面主体，裸身侧坐在溪边的树干上，两手持握着一只收口水瓶，向外倾倒出汩汩流水。画面明暗关系突出，主体的光源感更强，整体明亮；环境作为次要表现元素，色调偏暗，在阴影中对细节光源加以调整，从而在视觉上统一焦点。在环境的表现上，以色块叠加居多；在人体的塑造上，用浅灰色系过渡，细腻地表现出肌肤的质感。

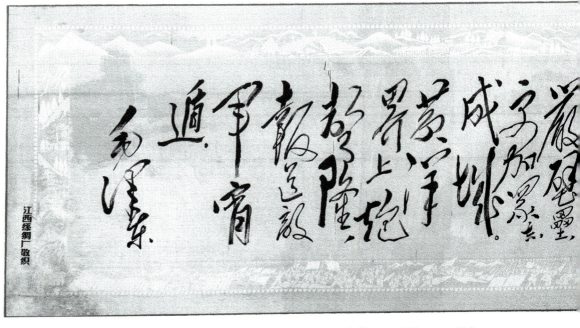

题名：毛主席诗词《西江月·井冈山》　　档号：T001-011-1598　　规格：117 厘米 × 31 厘米
类型：黑白像锦　　　　　　　　　　　织制厂家：江西丝绸厂

织物经向示意

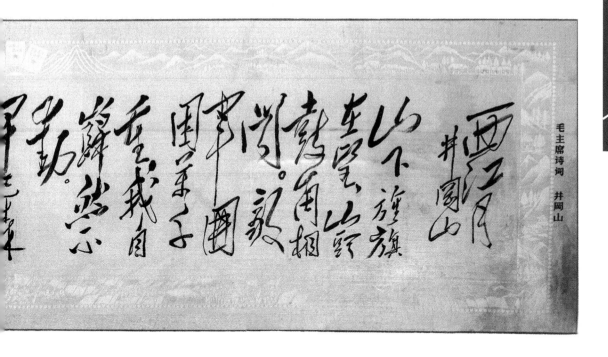

毛主席诗词 井冈山

黑白像锦
淡墨写出无声诗

035

中华人民共和国成立初期，涌现出大量体现红色文化的艺术作品，弘扬着民间流行的精神与思想。此类作品，多以毛泽东形象及毛泽东语录、书法作品为主体。作品《毛主席诗词〈西江月·井冈山〉》织制于20世纪60年代，临摹自毛泽东创作的诗词，其字体刚劲有力，走笔之间还保留着词作者书写时的气韵。尤其在笔触拖出部分，织造者通过对织点疏密区分的设计，将丝线分散开进行织造，形成笔墨半干状态下断断续续的肌理感，这也是书法艺术中重要的表达风格。

除了正常使用以真丝为经、人造丝为纬的常规配料外，丝织像锦织物在20世纪六七十年代还出现了一个非常特殊的品种，即以棉纤维线为经线和纬线，采用提花织锦的工艺技术，设计和生产的以领袖形象为题材的大幅面（一般为150厘米×200厘米）棉质像锦画。这种织物一般挂在大会堂或在大型集会活动中使用。

题名：毛主席诗词《沁园春·雪》　　档号：T001-011-1644　　规格：43厘米 × 18厘米
类型：黑白像锦　　织制厂家：中国杭州东方红丝织厂

T001-011-1644

作品《毛主席诗词〈沁园春·雪〉》织制于20世纪60年代，临摹自毛泽东创作的诗词，通篇书写流畅，笔力遒劲。织造者细致地还原了原作品的风格，充分彰显其通篇书法的气势。整幅作品行云流水、力透纸背，凸显出毛泽东在当时社会背景下的壮志凌云。

丝绸行业在20世纪60年代后期至70年代初期受到极大冲击，传统纹样因被视为"资本主义""修正主义"而遭到贬斥，像锦传统的风景题材多被红色艺术题材取代，其设计风格继承红色艺术的衣钵，其中笔力遒劲的书法表现力结合完整的幅面设计，使作品更加生动，更凸显了作品的大气磅礴。红色主题像锦将个体审美融入历史场景，匠心独运，构图布局、意境营造及人物绘画技法以新的艺术语言创作出集体性红色艺术风格。这一时期的像锦不仅具有鲜明的时代特征，而且从设计、选材和织制各个环节来看，都是精益求精的作品。当时的像锦织制者为了保证质量，追求最佳艺术效果而不惜工本，用最上等的纤维原料织制像锦，一些具有代表性的精品更是由最优秀的能工巧匠合作织制而成。这些作品代表了当时丝织工艺技术的最高水平，具有特殊的观赏和研究价值，十分珍贵。

艺匠纹制
038

题名：纪念白求恩　　档号：T001-011-1629　　规格：9.5 厘米 × 14.6 厘米
类型：黑白像锦　　织制厂家：中国杭州织锦厂

T001-011-1629

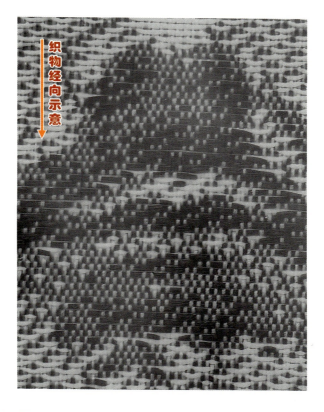

织物经向示意

　　作品《纪念白求恩》织制于 20 世纪 70 年代，记录了伟大的国际共产主义战士白求恩大夫在日常生活场景中的状态，自然且贴近生活。作品的黑白色调使人物与背景的空间关系得以延伸，画面更显协调统一。

　　此黑白像锦作品对光影立体的表现十分细腻，从阴影部分到高光部分依次以"1.1.1.1.1.1.1.1……""1.1.1.2.1.1.1.2……""1.1.1.5.1.1.1.5……""1.1.1.8.1.1.1.8……"的规律渐变，逐渐增加白色点段跨度，从而在画面上强化亮度，实现光影的区分。在大面积阴影部分，工匠通过加入更深色号的丝线丰富暗部的细节，加重暗色效果。

艺匠纹制

040

题名：聂耳　　　档号：T001-011-1630　　　规格：9.8厘米 × 16.2厘米
类型：黑白像锦　　织制厂家：不详

T001-011-1630

黑白像锦 淡墨写出无声诗

041

织物经向示意

　　作品《聂耳》选用聂耳像作为参照内容，以黑白单色像锦形式表现。画面采用侧光与顶光相结合的布光方式，侧光的使用使得脸部的明暗对比更加明显。人物脸部光线的变化很好地体现出像锦的织造技艺，除了生动的表情之外，还将脸部肌肉走向及人物左侧脸的反光刻画得栩栩如生，发丝的黑、白、灰细节也处理得当。

艺匠纹制

042

冼　星　海
1905——1945

题名：冼星海　　　档号：T001-011-1631　　　规格：10.5 厘米 × 16.5 厘米
类型：黑白像锦　　织制厂家：不详

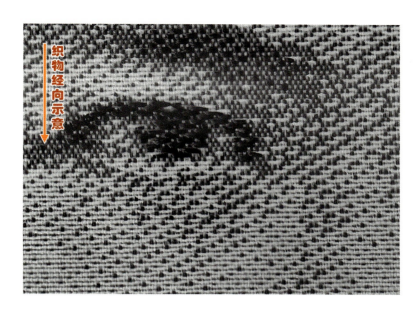

织物经向示意

黑白像锦 淡墨写出无声诗

043

  作品《冼星海》选取冼星海像作为参照内容，以黑白单色像锦形式表现。画面采用顶光与顺光相结合的布光方式，在塑造人物面部立体感的同时不失柔和感。五官与脸部肌肉塑造得细腻、真切，黑白单色使得人物表情更加坚定和乐观。图中黑、白、灰分布明确，面部为白，头发为黑，服装为深灰，背景为浅灰，突出了人物面部表情，使得画面更加沉稳，符合人物性格。

艺匠纹制
044

题名：马克思 　　　　档号：T001-011-1020 　　　　规格：10.5厘米×14.8厘米
类型：黑白像锦 　　　织制厂家：上海锦艺丝织厂织造
　　　　　　　　　　杭州流芳照相馆监制

黑白像锦

淡墨写出无声诗

045

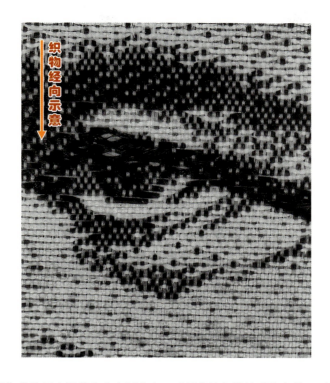

织物经向示意

　　作品《马克思》选取马克思像作为参照内容，以黑白单色像锦形式表现。画面十分大胆地分布黑、白、灰，将人物头发与胡须都处理成白面，阴影块面分割得当，将毛发的丝缕感表达得形象生动。把面部处理成浅灰的同时凸显出人物中庭部分，即人物的中庭部分为画面最亮的白面。为使画面整体不过分偏灰，人物服装设计为黑与深灰，压住画面中心，内里衬衫的白面则延伸了画面，使之更加协调。

艺匠纹制
046

题名：恩格斯 档号：T001-011-1021 规格：10.5厘米 × 14.8厘米
类型：黑白像锦 织制厂家：上海锦艺丝织厂织造
杭州流芳照相馆监制

织物经向示意

　　作品《恩格斯》选取恩格斯像作为参照内容，以黑白单色像锦形式表现。画面整体偏向深灰，且刻画较为细致，尤其面部细节较多。在灰色调之下继续划分了许多小的色块，其细腻程度十分考验织锦艺人的技术。因为人物面部左侧的胡须和背景为相近的灰色，所以在此处的背景部分加入几针亮色形成偏浅灰的渐变，将胡须与背景区分开，明确两部分的层次关系。同样，人物头发的最外侧也处理成白面，既作为亮部，又避免与背景融合。该幅像锦与前一幅《马克思》同为上海锦艺丝织厂织造，且规格相同，应为同一系列的作品。

题名:鲁迅　　档号:T001-011-1635　　规格:10.5厘米 × 14.8厘米
类型:黑白像锦　　织制厂家:杭州都锦生丝织厂

织物经向示意

　　作品《鲁迅》选取鲁迅像作为参照内容,以黑白单色像锦形式表现。画面背景整体处理成深灰,衬托出人物形象。其背景也并不为单调的一种颜色,而是加入光线的变化,从左上至右下逐渐变深。人物头顶附近的背景为浅灰,人物面部与衣物周围则以深灰强调其轮廓。此像锦还艺术化地将画面底部虚化成灰色,加以黑色的字体,不仅与人物头发的黑色呼应,还使画面的黑、白、灰色更加均衡。

黑白填彩像锦

青绿间以黑白章

　　黑白填彩像锦以黑白像锦的单色图案为基础，在织成品上手工填充绘染彩色，可以全部或局部着色。在着色流程中，采用平涂手法使主图与衬景疏密有间，色彩对比强烈，充满装饰意趣。

　　黑白填彩像锦通常用较少的色彩表现丰富的画面。相比彩色像锦而言，黑白填彩像锦成本低，但是色彩表现较弱。在常见的以风景为题材的黑白填彩像锦中，应用在画面中心对象处的着色可以使观者更好地领略到写实的湖光山色。与黑白像锦相比，湖水、船只、树丛等辅助元素的刻画也突破了传统平面块状表现方法，色彩变化清晰，能够强化观者的身临美境之感。然而手工着色也有弊端，彩绘工人在画面中色彩渐变交界处的反复敷彩难免会导致色彩的互相渗透，在一定程度上会影响原景的意境和韵味。

艺匠纹制
052

题名：苏州狮子林　　档号：T001-011-1048　　规格：40厘米 × 27厘米
类型：黑白填彩像锦　　织制厂家：中国杭州织锦厂

T001-011-1048

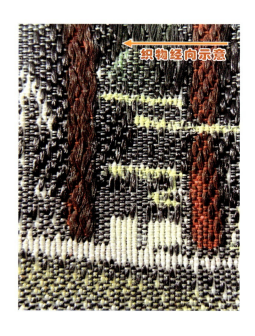

织物经向示意

作品《苏州狮子林》织制于 20 世纪 70 年代，选取苏州狮子林一角的景色，将湖水、假山、高树、亭阁构成的景观展现在像锦门幅中。作品选用焦点透视法，采用"X"形构图，将近景与远景的空间关系拉开。近处坐落于池中的单檐六角亭，四面通透，无窗、无栏，与亭下的石基相对，与石基下的池水相衬。远处依稀可见的楼檐四角也向上飞翘，极具苏州园林的建筑特色。

该像锦用色明快淡雅，刻画出白昼阳光下园林优美静谧的风貌状态。作品的填彩效果保留较好，色彩明亮，且可以直观看到色料在织物表面的沉淀与附着。在建筑屋顶和亭盖处，色彩的空间透视与深浅变化主要通过色料调整表现；而在树冠处，黑白织造底纹的光影效果与绿色颜料的深浅效果相叠加，在空间立体性上表现得更加丰富自然。

艺匠纹制
054

题名：西湖平湖秋月　　档号：T001-011-1246　　规格：57 厘米 × 27 厘米
类型：黑白填彩像锦　　织制厂家：中国杭州织锦厂

T001-011-1246

织物经向示意

该作品与第一部分的黑白像锦《西湖平湖秋月》构图、造型相近，从相对近的距离对整体景观进行了刻画，放大了建筑部分的占比，使画面整体更加充实饱满。湖上载有蓑衣客的船只渐行渐远，构成了由侧面角度开始的空间透视，也增加了画面的动态细节。作品建筑色彩表现丰富，湖面的碧绿倒影衬托建筑主体，层次细节的塑造非常精细，仿佛一幅像素较高的摄影作品。

　　以摄影作品为参照的像锦吸收了摄影艺术的优点和特长，体现出传统民族画、西方照相艺术、近代油画等多个艺术门类的风格特点。此类像锦细腻逼真、惟妙惟肖，画面表现如照片一般，体现传承和创新的典型特色。同一题材，同一取景，视角的转动与距离的远近往往会营造出不同的氛围，同时决定画面观感的还有织造艺人对线条与色彩的理解。两幅以"西湖平湖秋月"为题的像锦，一幅黑白，一幅填彩，一则形近中国水墨画的意境，一则贴合还原现实景观，各有其美也。

题名：苏州拙政园小芳洲　　档号：T001-011-0990　　规格：17.2 厘米 × 10.2 厘米
类型：黑白填彩像锦　　织制厂家：苏州东吴丝织厂

T 0 0 1 - 0 1 1 - 0 9 9 0

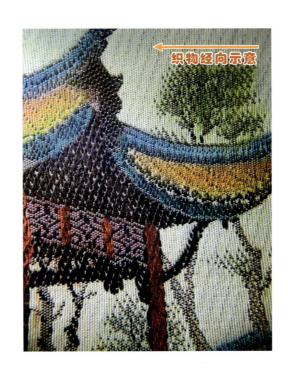

织物经向示意

作品《苏州拙政园小芳洲》取材自苏州拙政园中一景。作品以天空为背景，由近及远，将小芳洲的环境描绘得栩栩如生。前景处主体天泉亭弧形的飞檐好似腾空而起，犹如悬月一般。亭外有一圈回廊，亭内有一口古井，因此得名"天泉亭"。整幅作品色彩绚丽，景物错落有致，景与色的完美结合使整幅作品充满生机，更为苏州园林增添了一份美的韵味。以近景处的凉亭为例，填涂蓝色、橙色、黄色、红色、粉色等高饱和度颜色，鲜艳明亮，橙黄色的渐变晕染自然连贯。着色与黑白光影组织的叠加增加了细节的层次感和空间感。

艺匠纹制
056

题名：北海初雪　　档号：T001-011-1054　　规格：27厘米 × 40厘米
类型：黑白填彩像锦　织制厂家：中国杭州织锦厂

织物经向示意

作品《北海初雪》织制于20世纪70年代，选取北海的冬季景象进行表达，在景色季节的选择上属于少数案例。冬季雪景中的景观以白色为基调，借由灰色的明度变化丰富层次，营造立体空间感。前景的半棵树为最深色调，树干上的积雪刻画得细腻、逼真，是塑造得最为精致的景观元素。前景的繁复刻画与远处的简洁描画形成对比，将最远处的塔楼烘托为视觉上的焦点。

艺匠纹制 *058*

题名：北京颐和园全景　　档号：T001-011-1292　　规格：124厘米 × 24厘米
类型：黑白填彩像锦　　织制厂家：杭州都锦生丝织厂

T001-011-1292

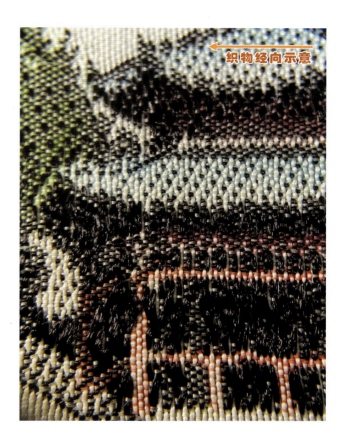

　　像锦的形制体现出独特的意境和审美，它善于运用典型化、突出化手法对表现题材进行巧妙的意匠设计，既符合形式美感，又适应大众心理。像锦幅面种类涵盖横幅、竖幅、方形三种形式，形成类似于中国画的"横幅"或"立轴"等形式。设计者主要根据主题内容来选择幅面形式。作品《北京颐和园全景》以横幅画面展示横向的整体设计，观者可以根据风景展示顺序清晰地感受北京著名景点。

　　该幅像锦采用全景视角进行描绘，从前方的亭廊到牌坊、围墙、石舫等，以连成一线的台阶、石栏形成景观的贯通之势，还原行人的视野与游行路线。构图中用到了广角镜头的表现方法，将广阔的风景囊括在一幅作品中。大量的石板、水泥材质建筑铺设了整体的灰白色调，突出了主体亭台的红柱青瓦。作品在色彩上给予观者以视觉指引，令人回味无穷。

题名：北京颐和园内景　　档号：T001-011-1270　　规格：72厘米 × 27厘米
类型：黑白填彩像锦　　织制厂家：中国杭州织锦厂

T001-011-1270

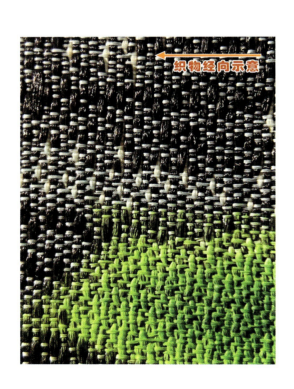

作品《北京颐和园内景》从园林内部视角描绘北京颐和园景色，前景为水池，水面漂浮着荷叶片片，在水平的视觉分隔线上从左向右延伸出一条廊道，途经数座精美华丽的亭廊，天空处作为留白调节画面的节奏与层次。在色彩表现上，选用多种高纯度的颜色丰富画面，亭廊有天蓝色檐柱、红柱黄瓦、红柱绿瓦等多个配色，近景的翠绿色荷叶与远处的墨绿色树影通过同一色系明度的对比突出了空间的立体感，同时也丰富了画面的光影效果，强化了此处景观的审美表达。

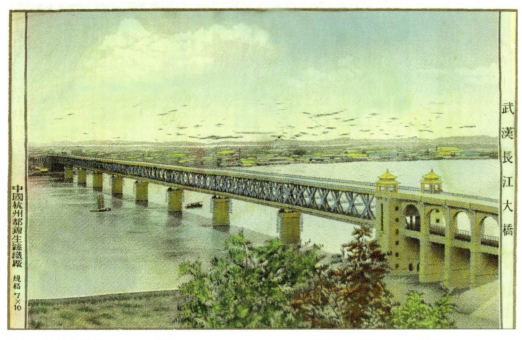

题名：武汉长江大桥　　档号：T001-011-1032　　规格：28 厘米 × 18.3 厘米
类型：黑白填彩像锦　　织制厂家：杭州都锦生丝织厂

T001-011-1032

作品《武汉长江大桥》取景自武汉长江大桥的纵览视角，以焦点透视法拉伸延展了整座跨江之桥的长度与长江的广度，巧妙地利用长江近岸和远处陆地边界线与桥梁的直线造型，将画面交错分割成三部分，呈典型的"Z"形构图。色彩上呈温和的暖色风格，水、天采用了浅色系的蓝白过渡，真实自然。通过点、线、面的造型处理，运用典型化、突出化手法，着力设计画面中的主要景物，同时精心刻画辅助对象。

艺匠纹制

062

题名：汕头中山公园　　档号：T001-011-0916　　规格：40 厘米 × 27 厘米
类型：黑白填彩像锦　　织制厂家：中国杭州东方红丝织厂

T001-011-0916

作品《汕头中山公园》织制于20世纪60年代,通过组织结构的变化表现原画面中的线条、块面、晕染、过渡等形式要素。该幅像锦色调鲜艳明亮,而背面则只显现黑白单色调的光影画面,与黑白像锦作品背面的"负片"效果异曲同工,这也是黑白填彩像锦的典型特征表现。

题名：黄山翠盖笼烟　　档号：T001-011-0909　　规格：40厘米 × 27厘米
类型：黑白填彩像锦　　织制厂家：中国杭州织锦厂

T001-011-0909

织物经向示意

作品《黄山翠盖笼烟》织制于20世纪70年代，运用经向平纹组织结构，由一组经线和黑白两组纬线交织而成。本色经线和白色纬线交织成平纹地组织，黑色纬线浮于织物表面上起花。黑色纬线在织物地纹上显现得越多，织物表面的画面层次就越深；反之，显现得越少，画面层次就越浅。这种以黑白表现图案纹样的方法犹如素描绘画中的明暗过渡，呈现得自然则显得画面立体感强、造型生动，反之效果则大为逊色。在黑白像锦内容强烈明确、明暗空间丰富的基础上，色彩涂绘起到画龙点睛的作用，增强了作品的观赏性，凸显出作品的艺术价值。

题名：杭州西湖全图　　档号：T001-011-1214　　规格：73.8厘米 × 26.8厘米
类型：黑白填彩像锦　　织制厂家：杭州都锦生丝织厂

T 0 0 1 - 0 1 1 - 1 2 1 4

作品《杭州西湖全图》采用俯视的广角视角，将西湖全貌收揽于画幅之中，明暗对比强烈，界线分明。画面由湖水和陆地两种景观表达构成。近处的陆地与远处的山脉将湖面围绕成一个椭圆形。在湖水的中央，自左向右伸展出一条细细的小路与一片湖中岛地。绿色的植被郁郁葱葱，平静的水面反射着岸边的一切物象，高楼错落紧密，道路延展其中，生活区的繁杂与自然山脉处的简洁形成对比，为画面提供了欣赏节奏的变换。天空的刻画相比于其他风景像锦更显细致，散落的云团也被织造得轻柔逼真，增加了整幅画面的层次感。这幅像锦在工艺技巧、构图取材、色彩设计等方面都体现出了高超的水准。

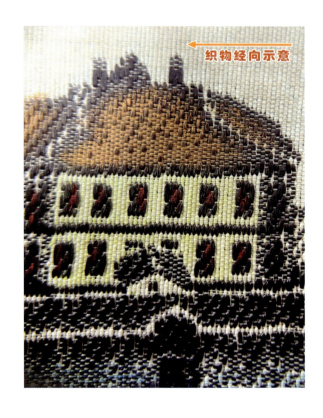

黑白填彩像锦
青绿间以黑白章

067

杭州都锦生丝织厂织造　　萬壽山衍橋

杭州都锦生丝织厂织造　　北京祈年殿

萬里長城

杭州都錦生絲織廠織造

萬壽山雲輝玉宇坊

杭州都錦生絲織廠織造

黑白填彩像锦

青绿间以黑白章

069

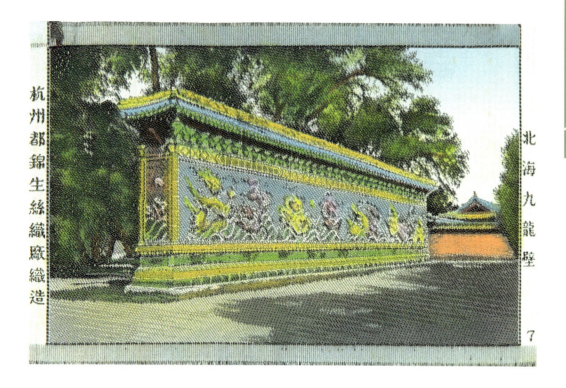

题名：北京十二景　　档号：T001-011-0867　　T001-011-0868　　T001-011-0869
　　　　　　　　　　　　　T001-011-0870　　T001-011-0871　　T001-011-0872
　　　　　　　　　　　　　T001-011-0873　　T001-011-0874　　T001-011-0875
　　　　　　　　　　　　　T001-011-0876　　T001-011-0877　　T001-011-0878

规格：16.5厘米×10.5厘米　　类型：黑白填彩像锦　　织制厂家：杭州都锦生丝织厂

艺匠纹制

072

T001-011-0867

T001-011-0868

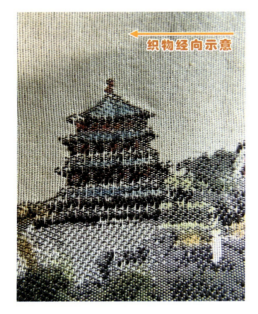
织物经向示意

T001-011-0869

T001-011-0870

T001-011-0871
T001-011-0872

T001-011-0873
T001-011-0874

黑白填彩像锦
青绿间以黑白章

艺匠纹制
074

T001-011-0875
T001-011-0876

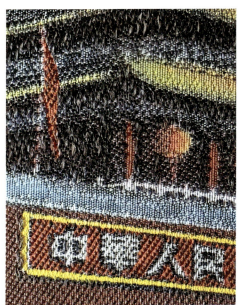

T001-011-0877
T001-011-0878

作品《北京十二景》系列像锦存世已有50多年，能按编号顺序完整无缺保存至今已属不易，而且品相完好，色彩艳丽，因而十分珍贵。单幅作品依次为《北京万寿山》《万寿山石舫》《万寿山苻桥》《北京祈年殿》《万里长城》《万寿山云辉玉宇坊》《北海九龙壁》《万寿山十七孔桥》《北京知春亭》《北京天安门》《北京北海白塔》《北京天坛皇穹宇》。

此组作品选取北京著名风景名胜作为刻画对象，风景优美宜人，古建筑大气磅礴。值得注意的是，在描绘蜿蜒曲折的河流，以及河边围栏、亭桥等具有延伸性的建筑结构时，采用"片段性"建构和空间外延，有意将画面的不完整感进行空间上的延伸，从而使作品具有视觉上的内在连续性，透视焦点在画面之外，凸显图像的不完整性，以给人无限的想象空间。

艺匠纹制
076

题名：北京人民英雄纪念碑　　档号：T001-011-1643　　规格：40厘米 × 27厘米
类型：黑白填彩像锦　　　　　织制厂家：中国杭州织锦厂

T001-011-1643

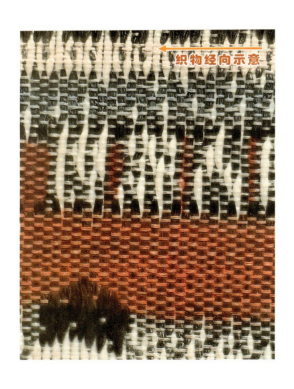

作品《北京人民英雄纪念碑》织制于20世纪六七十年代，刻画了天安门广场周边的代表性建筑。画面采用远景视角，以人民英雄纪念碑为视线发出点，远处正对着天安门主楼。作品采用焦点透视，工匠通过显花和隐花的工艺区分出建筑的明暗关系与天空的高低空间关系。在环境的描绘上多用彩色搭配，对于广场上的人影则统一用黑色剪影表现。画面整体风格淡雅明亮，与织造的肌理呈现效果较一致。

黑白填彩像锦 青绿间以黑白章

077

题名：北京全国农业馆　　档号：T001-011-1393　　规格：40厘米 × 27厘米
类型：黑白填彩像锦　　织制厂家：中国杭州织锦厂

T001-011-1393

作品《北京全国农业馆》织制于20世纪六七十年代，画面采用近景视角，将建筑全貌展现在画幅中。作品整体采用平行透视，建筑主体以蓝、白两色搭配，清新明亮，与天空相得益彰。建筑内部的塔楼红墙绿瓦，鲜艳而富有特色。工匠通过控制色线的疏密穿插程度，织造出或是自然的过渡表现，或是分明的光影边界。作品整体风格淡雅，通过色块的组合构建，营造出一种平静的氛围。

织物经向示意

艺匠纹制
078

题名：香港全景　　　　档号：T001-011-1279　　　　规格：72 厘米 × 27 厘米
类型：黑白填彩像锦　　织制厂家：中国杭州织锦厂

T001-011-1279

香港全景

黑白填彩像锦
青绿间以黑白章

079

全景视角的作品在近现代像锦题材中十分常见，是展现繁华全貌、一步一景、生活气息的最佳形式之一。其描绘题材不仅局限于园林，还包括沿海地区海岸线上的城市群落。前者重在意境，后者侧重写实。值得注意的一个共同点是，画面的构成均以水、天作为重要的取材元素。

作品《香港全景》以平视角度记录，前景的帆船成为向岸上房屋延伸的指引。前景构图偏向疏散，与远处密集的高低参差的楼房、远山形成疏密差异，一方面表现出前后的距离之远，一方面引导视觉焦点的落点，吸引观者走近欣赏刻画细致的主体部分，由此更能感受到织造者高超的技艺与对细节的追求。

织物经向示意

艺匠纹制
080

题名：富士山樱花　　　档号：T001-011-1057　　　规格：40 厘米 × 27 厘米
类型：黑白填彩像锦　　　织制厂家：中国杭州织锦厂

T001-011-1057

近现代以来，风景类像锦作品的取景逐渐向外扩张，从内陆走向了沿海，从国内跨到了国外，选择的多为当地代表性景观。

作品《富士山樱花》织制于20世纪70年代，取材自日本富士山景点，以中景视角进行描绘。织造者在前景角隅设计了长满樱花的树梢，朵朵樱花簇拥盛开，繁复而淡雅；海的另一边是富士山，山顶的白色积雪、山腰以下由岩浆烧灼而成的黑色土地复原了这座知名景点的特色，在刻画上相对简洁，形成了整幅作品的繁简对比。作品用本白色和黑色蚕丝作经、白色人造纤维作纬，白色经浮长斜纹显樱花，花蕾处点染橘红色。山腰以下一段用白色经线染蓝色作为蓝黑色调山麓和白色山峰的自然过渡。

艺匠纹制
082

题名：银河夜渡　　　档号：T001-011-1055　　　规格：40 厘米 × 27 厘米
类型：黑白填彩像锦　　织制厂家：中国杭州织锦厂

T001-011-1055

作品《银河夜渡》织制于 20 世纪 70 年代。这幅作品比较特殊，创作者选取夜间的湖边一角景色作为描绘对象。通过前面的作品可以发现，白昼期间的景色占据了风景类像锦作品的绝大部分，而深夜中光线昏暗的环境对于刻画景色的层次感有更高的要求，在色彩的选用上更值得深究。这幅作品整体呈暗色调，但有意地将云间的月光亮度进行夸张，使其成为整幅图中唯一的光源，并将光源作用延续，在云层、湖面的表现中增加明暗关系与变化的丰富性。

该像锦用半点缎纹影光组织使黑色纬和白色纬同时显示在织物表面产生混合色调。特别是剪影式小渔船、渔民，采用了逐纬提花来设计人像，纬线用黑色和白色，经线用银灰色，白纬浮点呈现高光，黑纬浮点勾勒轮廓，实现了波光粼粼的效果。从白到银灰、从银灰到黑之间的和谐变化，强化了剪影的艺术效果。

艺匠纹制

084

题名：花鸟　　　　　档号：T001-011-1051　　　　规格：18厘米 × 40厘米
类型：黑白填彩像锦　　织制厂家：中国杭州织锦厂

织物经向示意

作品《花鸟》织制于20世纪70年代,画面干净简约,以左侧垂落的树枝勾勒出画面的构图结构。树枝上开出朵朵红花,与绿叶相互衬托,彼此增益,花朵愈发明亮鲜艳;枝梢处停落着两只鹊鸟,一高一低,一只向下探身,一只扭头回望,形成交流之势。画面色彩风格清雅,以淡绿色与淡蓝色铺设基底,交代天空与水面的状态。前景中的描绘对象色彩纯度更高,对比更强烈,吸引观者细细端看,耐人寻味。

艺匠纹制
086

题名：虎啸　　　档号：T001-011-1263　　　规格：27厘米 × 57厘米
类型：黑白填彩像锦　　织制厂家：中国杭州织锦厂

织物经向示意

　　作品《虎哮》色彩搭配十分出彩，值得回味。画面左侧斜向伸出三两枝梅花，为冰天雪地的坚硬山石风光增添了一抹暖色；主体猛虎正在向前行走，摇摆的尾巴强化了其动态，虎头左望，虎口张开似在咆哮，猛虎的灵动与背景的冷冽静止形成对比。创作者以这种方式引导了视觉的焦点。

　　该像锦采用传统界画法构图。虎为前景中的动物主体，为平视图，树、山等衬托背景为仰视图，次要图像如画面中的山石等元素则为俯视图。国画题材像锦多属于此类型，提示观者跟随画面布局观看，以形成特殊的视觉审美效果。

艺匠纹制

088

题名：风雨鸡鸣　　档号：T001-011-1308　　规格：42 厘米 × 132 厘米
类型：黑白填彩像锦　　织制厂家：杭州都锦生丝织厂

T001-011-1308

织物经向示意

　　作品《风雨鸡鸣》左上题词落款，记"悲鸿怀人之作"，是一幅取材于徐悲鸿国画作品的像锦。站立在山石顶峰的公鸡是整幅画面的色彩焦点，鸡冠处涂绘的红色颜料表现出极高的明度与纯度属性，羽毛的青绿色系强调了主体的色相冲击性，并与环境中的颜色形成呼应，使得画面整体兼具中国画艺术的意境感与故事感。工匠在着色时以不同浓度的颜料绘制出红色的厚重感与其他颜色的通透自然效果，使得整幅作品更加栩栩如生。

题名：猫儿 档号：T001-011-1105 规格：40 厘米 × 27 厘米
类型：黑白填彩像锦 织制厂家：中国杭州织锦厂

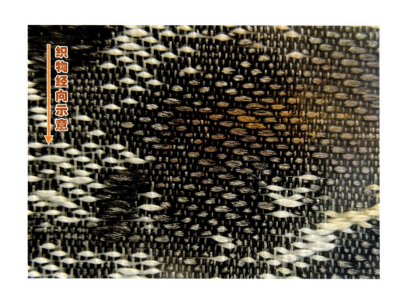

织物经向示意

　　作品《猫儿》织制于 20 世纪 70 年代，参照油画艺术风格，色彩浓重，色块均匀，重点对主体元素进行细节刻画与立体塑造。相比于中国绘画中的平面表达与意境强调，这类缘起于西方的美术更注重写实效果。这幅作品以绿墙与黄色地面为整体背景，主体为一个藤编的篮筐，筐中四只花色各异的小猫向外探出头，筐外伏卧着第五只小猫，它专注地盯着前方的花朵，伺机而动。画面中光影的塑造极佳，为整个场景的真实性锦上添花。

　　这幅黑白填彩像锦的色料保留状态较好，色彩鲜艳而均匀，与织线的结合尤为自然。乍看时也许会误认作彩色丝织作品，但通过观察背面的织造表现，以及正面细节处的色彩过渡情况，可以确定该作品的基底为黑白两色丝线织就，以光影表现为骨骼，以色彩调节作发肤，共同营造出如此逼真写实的效果，并赋予其极具艺术观赏性的价值。

题名：湖山平远图	档号：T001-011-1244	规格：57 厘米 × 27 厘米
类型：黑白填彩像锦	织制厂家：中国杭州织锦厂	

T001-011-1244

作品《湖山平远图》是山水画题材的黑白填彩像锦，画面从前景向远处递进，共形成三个层次的山影。前景刻画扎实，光影明暗对比鲜明且强烈。山面上耸立起棵棵树木，自由排布生长。山脚下依稀可见房屋与村民，其中一人扛着农具在水流边忙碌，其右侧空地上有两人相对而坐，似在玩耍。这些元素构成了贴合民众的生活表达。中景经

黑白填彩像锦

青绿间以黑白章

093

湖山平远图

织物经向示意

由一片浓雾掩盖，只显露出后半段高出云层的山峰。山峰层峦叠起，愈来愈高，其边缘明确，刻画清晰，但下部则加以虚化，表现云雾缭绕的意境。远景趋于模糊，云层的覆盖越发厚重，只留下细细一丝山影，空间上表现出空旷而遥远的状态。

题名：醒狮　　　　　档号：T001-011-1183　　　　规格：39.4 厘米 ×26.2 厘米
类型：黑白填彩像锦　　织制厂家：中国杭州织锦厂

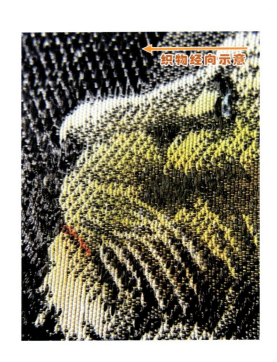

作品《醒狮》织制于20世纪30年代，取材自徐悲鸿所绘《醒狮》，原画抒发了作者忧国、爱国之情。雌、雄狮子构成画面主体，整幅作品构图动静结合，具有较强的视觉冲击力。主体狮子的走势使观者的注意力集中于狮子的头、爪、尾等细节，与静态的山石形成对比；远景流动的河水与近景耸立的山石亦构成对比。该像锦色彩呈灰、绿、蓝色调，正面有平纹组织、平纹变化组织，背面为平纹组织。

艺匠纹制

096

题名：金鱼　　　　档号：T001-011-1192　　　　规格：24.6厘米 × 46.3厘米
类型：黑白填彩像锦　　织制厂家：杭州都锦生丝织厂

织物经向示意

作品《金鱼》源自较纯粹的写意书画作品,色彩上搭配平衡,整体呈低纯度、低明度色相。铺底的晕色渲染、重墨的水草剪影、三只金鱼的游走姿态,共同构成整幅画作的内容,极富层次感。画面风格柔和舒缓,尤其在鱼尾、鱼鳍的表现上,落笔的笔触呈现出舒适的透气感,将其薄如蝉翼的状态完美还原,顺滑的曲线给人以水波荡漾的想象,是书画类像锦中的佳作。由此可见,织制此类像锦,不单单注重还原原作者笔法、造型、色彩等方面的表现,更讲究保留原作的意境、韵味。

题名：溪亭逸士　听涛图　　档号：T001-011-0917　　T001-011-0940
规格：27厘米 × 92厘米　　类型：黑白填彩像锦　　织制厂家：杭州都锦生丝织厂

织物经向示意

作品《溪亭逸士》《听涛图》在色彩的搭配上有异曲同工之妙,但在笔法的应用与造型风格上各有特色。

《溪亭逸士》以谢时臣的山水作品《溪亭逸思图轴》为摹照蓝本。取圆弧形结构线,以山间云雾与流水为载体,对画面内容进行分割。远处数座山峦层叠,耸立云间;随流水向山下而去,树木与楼阁房屋越来越密集,左侧山间坐落着亭台楼阁,以蓝色统一描绘。山石嶙峋,以土黄色表现。画面下方有一亭廊,廊上伫立数人。色彩明度自上而下由浅变深,远虚近实,虽然没有用到透视关系,但仍建立起空间的全方位延伸。

《听涛图》以唐寅的山水作品《听涛图》为摹照蓝本。以山间瀑布对山体的描绘进行切割,呈斜向结构,在山脚瀑布旁盘坐着一位道人。树林、小溪、山石共同构成人文景观。树木林叶同样以蓝色表现,色彩搭配和谐自然。

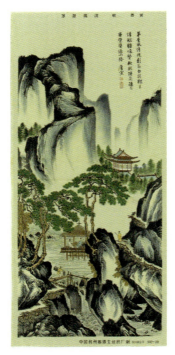 

题名：茅屋风清　　春游女几山　　高山奇树　　雪山行旅
档号：T001-011-0936　　T001-011-0937　　T001-011-0938　　T001-011-0939
规格：31厘米 × 68厘米　　　　　类型：黑白填彩像锦
织制厂家：杭州都锦生丝织厂

黑白填彩像锦
青绿间以黑白章

103

T001-011-0336

T001-011-0337

T001-011-0338

T001-011-0339

　　此四幅作品为系列作品，在色调上存在共同特点：山峰处以墨蓝色笔墨着色，边角明确且稍显圆润，晕色自然；树木与亭台建筑的描绘则更加细致，亭台建筑保留木材原色，整体取用墨蓝、黄色、翠绿三色及留白完成搭配。在构图上也存在共性：虽然采用不同的结构形式，但在画面的比重设计上均留出接近半成的空白，在视觉效果上形成了焦点的节奏变化。

　　国画山水像锦大多用来装饰江南文人的书斋，故而受"吴门画派"的画法影响颇巨，高山叠峦、人物、屋宇承袭沈周画法，特别是江山广阔、舟帆点缀，画面中大幅留白，山石短皴一脉相承，备受青睐的唐寅山水画《茅屋风清》《春游女几山》《高山奇树》《雪山行旅》遵循相同的范式。

此系列作品为典型的高山流水"高下相倾"构图。画面对角中多设留白,并将主物安排于画面低处的边角,以江水、溪水隔开远景与近景,故而又名"隔江山色"式构图。此种构图多用作刻画书斋及周边景致。冲天的主峰、环抱书斋的山峦使画面更为率真。

国画像锦适宜塑造沉浸式审美体验。设于居室空间被欣赏时,容易引发人们的共鸣和愉悦。从明代吴门四家之一唐寅的山水作品《茅屋风清》《春游女几山》《高山奇树》《雪山行旅》以及兼具吴门、浙派笔法的谢时臣的作品《溪亭逸思图轴》(都锦生丝织厂所制像锦命名为《溪亭逸士》)中都能看到为追求山水体量而生成的工秀笔墨,刻画具体入微,用笔却显得潇洒爽利;远景简洁粗放,使前后虚实形成对比,晕染得体,呈现出笔调清畅、墨色润泽的意境,国画像锦中的山水主题作品多承此式。由于装裱材料及造型、主题、作者相同,成系列的挂轴、条屏国画像锦(如四季、"四君子"题材)常常成组陈列,为受众提供了沉浸式体验。

题名：贵妃醉酒　　貂蝉拜月　　档号：T001-011-0932　　T001-011-0933
规格：27厘米 × 78厘米　　类型：黑白填彩像锦　　织制厂家：杭州都锦生丝织厂

题名：昭君出塞　西施浣纱　　档号：T001-011-0934　　T001-011-0935
规格：27 厘米 × 78 厘米　　类型：黑白填彩像锦　　织制厂家：杭州都锦生丝织厂

艺匠纹制

108

T001-011-0932

T001-011-0933

黑白填彩像锦

青绿间以黑白章

T001-011-0934
T001-011-0935

黑白填彩像锦

青绿间以黑白章

111

织物经向示意

　　此四幅作品同样为系列作品，表现的是古代仕女图主题的经典情节。作品采用工笔国画风格，对景物、人物、动物等元素的描绘细腻精美。画面背景以淡彩色系为基调，多以淡绿色过渡；人物色彩更加丰富、浓重，色相更加多元，且多次选择对比色的碰撞，形成视觉冲击，制造出视觉焦点。

　　作品对主体仕女的刻画考究，其面容清秀、姿态万千，动作表现及与场景中道具的连接和交流凸显了所描绘的故事情节。四条像锦挂屏通常作为厅堂装饰。该组挂屏分别选取最能代表人物特征的典型场景进行精雕细琢。此四幅作品画面色彩鲜艳，造型精致，人物服饰、鲜花、假山、绿叶、亭阁等外在元素均描绘得细腻生动，人物表情及精神状态都刻画得栩栩如生，可称为像锦美学风格的代表之作。

艺匠纹制

112

题名：松鹤图   档号：T001-011-1242   规格：27厘米 × 57厘米
类型：黑白填彩像锦   织制厂家：中国杭州织锦厂

织物经向示意

黑白填彩像锦　青绿间以黑白章

113

　　作品《松鹤图》色彩搭配舒适自然，风格恬静淡雅，是工笔花鸟作品中值得反复欣赏和揣摩的佳作。画面采用半月形构图，右上角伸展出松柏的枝丫及淡黄色小花。树下站立着两只丹顶鹤，一只昂首鸣啼，一只低伏饮水，形态生动，意趣盎然。左侧矮木中还结有红色浆果。画面的色彩既丰富又和谐，呈现出古色古香的韵味。

艺匠纹制

114

题名：桃鹤　芦雁　　　档号：T001-011-1440　　T001-011-1441
规格：40 厘米 × 106 厘米　类型：黑白填彩像锦　　织制厂家：杭州都锦生丝织厂

黑白填彩像锦

青绿间以黑白章

115

题名：鸳鸯　锦鸡　　　档号：T001-011-1442　　T001-011-1443
规格：40厘米 × 106厘米　类型：黑白填彩像锦　织制厂家：杭州都锦生丝织厂

T001-011-1442

T001-011-1443

　　此系列像锦作品《桃鹤》《芦雁》《鸳鸯》《锦鸡》织制于20世纪70年代，选取国画中传统的花鸟画题材，四幅条屏组成了连贯的艺术品。作品选用仙鹤、大雁、鸳鸯、锦鸡四种禽鸟作为画面主体，在统一的长版画幅中，构图凸显出纵向的延伸，山石或树杈成为构建上下空间的载体，与禽鸟动静相宜，构成内容上的呼应。该系列作品中，颜色的晕染和渐变十分自然细腻，将花鸟的生机与季节性特征表现得淋漓尽致。

题名：山竹家园图　　　档号：T001-011-1198　　　规格：28厘米 × 95厘米
类型：黑白填彩像锦　　织制厂家：不详

织物经向示意

　　作品《山竹家园图》织制于民国时期，是一幅用色丰富且细腻的黑白填彩像锦，在构图上模仿立轴山水画，松树高耸，重山叠翠下一宅隐于竹丛中，草屋前有几人或在畅谈或在观景，左上角有题诗一首。全图设色浓郁丰富，远山用国画石青颜色塑造，更显贵重，织造者也很好地表达出山景分染的效果。画面笔墨浓重，松枝和红叶做点皴，整体加入了更多画者自身的风格。

黑白填彩像锦
青绿间以黑白章

119

题名：耶稣牧羊　　　　档号：T001-011-0885　　　　规格：20厘米 × 30厘米
类型：黑白填彩像锦　　织制厂家：杭州都锦生丝织厂

　　作品《耶稣牧羊》织制于民国时期，描绘了耶稣牧羊的场景，是典型的西方文化艺术作品。人物主体伫立在画面中心，身披红色的斗篷，棕色长发披散而下，一手执杖，一手怀抱羊羔，其周身围绕着六只羊，整体氛围安宁，贴近田园生活的日常。像锦自带的肌理强化了羊群外表的毛绒感与人物服装的织物感，也丰富了色彩的层次。小羊身上的毛发织造成卷曲流畅的波浪状，生动自然。画面右上角以紫罗兰色丝线用刺绣针法绣紫藤花加以缀饰，但针迹疏密不一，且仅有一处异常，或与该处曾有破损而修补有关。虽然刺绣已经褪色，但在织物背面可以清晰地看到紫罗兰色的线迹，可以推断这幅作品的原始色彩具有鲜亮浓烈的特点。

　　个别像锦作品为了弥补织色的单一，局部采用刺绣添色。黑白填彩像锦的组织相对简单，二重纬、平纹、斜纹、缎纹基本变化组织足够满足纬向交织点的换色上浮。民国时期丝织像锦的一般做法是白色蚕丝经向排列，一股白色蚕丝、一股黑色人造丝（民国时期人造丝为进口）按1∶1配比形成纬二重组织，"人工换纬"时才另添彩色人造丝。

题名：霓羽春嬉　　档号：T001-011-1426　　规格：29.5 厘米 × 59 厘米
类型：黑白填彩像锦　　织制厂家：杭州上海启文美术丝织厂

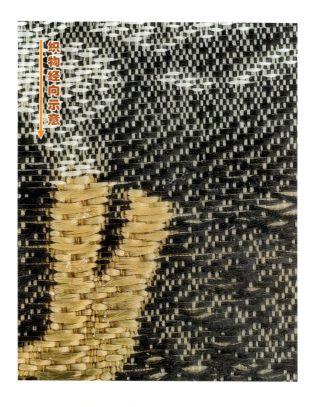

　　作品《霓羽春嬉》织制于民国时期，采用纵向"Z"形构图结构，由顶部树杈、树干、岛岸及岸上白鹅共同形成结构效果。整体色调偏暗，树影婆娑，白鹅群聚在树下嬉戏。这幅像锦作品对形象的塑造逼真细腻，其视觉效果既像照片，又如写实派画作。树干处色调较深，近观可以看出层层叠叠的绿色叶片是由彩色颜料在黑白丝线织造的像锦表面上绘制而成。树干部分的织线密度较小，黑色显色线单元长度长、间隔小，线迹之间形成类似菱形网格的组织表现，丰富了树干表面的细节。远景处苍松碧波、湖面水平如镜，地平线丘陵起伏，近景处树下休憩、嬉闹的六只白鹅凭借反差的配色成为点睛之笔。

彩色像锦
赤橙黄绿青蓝紫

彩色像锦，以多重纬浮工艺为标志。彩色像锦在生产工艺上与黑白像锦不同，是由两组经线和多组不同颜色的纬线织成的，纬线多时可达几十种。纬线越多，织成的织物则越厚。织造者充分利用各色纬线本身的颜色并结合黑白像锦中的影光组织和半点影光组织，使彩色像锦织物呈现晕裥效果及多种纬线色彩融合过渡的效果。彩色像锦突破黑白像锦色块单调的范围，丰富了色彩后，对比呈现了水墨山水印染的视觉效果。织造者通过各色纬线的浮沉显色，使像锦作品更接近原照片或绘画作品。这种像锦的两组经线中一组为地经，另一组为接结经线。接结经线不参与织物组织的交织，而是将浮于组织之外的纬线压牢，并和地组织牢固接结。而多重纬线则分为地纬和起花纬线，常用的起花纬线根数有 2、4、6……14 之多。为了使色彩表现得更为丰富、更为细腻，织造者通常采用调换抛梭道的方法来增加色彩，再用半丝影光（两种彩纬同梭口织入，根据浮长的多少产生渐变）的技法产生两种色丝的混色效果，以增加色彩的层次。在具体设计时，要根据作品的特点来决定组织方法。如果采用缎纹地上起纬花，线条会由于太细而不清晰，因此采用平纹地上起纬花，这样构成的线条清晰、饱满。

题名：西湖全图　　档号：T001-011-0942　　规格：92厘米×27厘米
类型：彩色像锦　　织制厂家：中国杭州织锦厂

作品《西湖全图》织制于20世纪50年代，画幅尺寸并不十分大，却将西湖全景刻画得惟妙惟肖，其湖水、远山和绿植都生机勃勃。作品中心是西湖景象，左右为周边的房屋街景，构图上处于平稳的视角。全图细节部分生动形象，湖面上的小舟与街道上的行人无一不体现细腻的巧思和高超的技术。作品用色轻快明丽，以鲜亮的绿色系为主，背面的底色上也突出了亮色，湖面与天空都以暗绿色为底色，而正面的高塔、浅色植被等则以亮绿色作底色，使之更加突出。

艺匠纹制
128

题名：上海外滩　　　档号：T001-011-0943　　　规格：94厘米 × 28厘米
类型：彩色像锦　　　织制厂家：杭州都锦生丝织厂

T001-011-0943

织物经向示意

上海外滩

彩色像锦 赤橙黄绿青蓝紫

129

T 0 0 1 - 0 1 1 - 0 9 4 3

　　作品《上海外滩》织制于20世纪50年代，是一幅广角视图的风景像锦，画面中高楼林立，水陆分明。水面平静中轻起波澜，船只三五成行，游走在各自的方向。岸边长长的行道被石栏围绕，依稀可见来往的人群在林荫下摩肩接踵。层层密布的树群后面是现代城市建筑集群，营造出由前向后、近远移景的节奏感。焦点透视法在此作品中表现典型，画面由中心向两侧伸展，尤其以左侧部分的刻画凸显出强烈的纵深感。色彩表达上整体清新亮丽，对各物象的还原写实度较高。细节表达上过渡自然，变化丰富，手法细腻精确，技术水平超高。

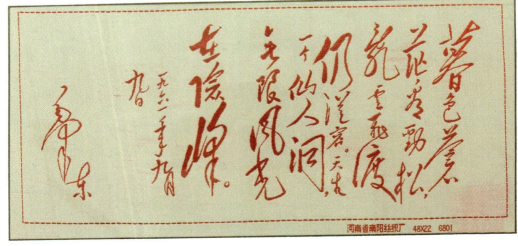

题名：毛主席诗词《仙人洞》　　档号：T001-011-1409　　规格：48厘米 × 22厘米
类型：彩色像锦　　　　　　　织制厂家：河南省南阳丝织厂

T001-011-1409

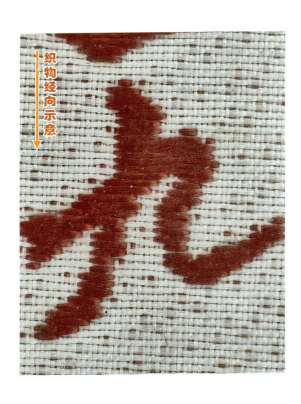

作品《毛主席诗词〈仙人洞〉》织制于20世纪六七十年代，是一幅以书法作品为唯一元素的红色像锦作品，以中国红颜色的丝线织造，笔锋的变化、拖顿、起压、连断等通过丝线的表现得到最大程度的还原，传达出书写者创作时的激情、豪迈等情感。作为一幅以红色、白色两条丝线作经纬的基本组织结构像锦作品，该作品的红色提花部分线迹排布紧密精细，色彩表现连贯厚重，无露底留白现象，远观甚至有近似于绒缎的质感。稍有缺憾的是该像锦由于红色纬丝的色牢度不高，在实际使用中（拆换装裱时摩擦）产生了局部色彩的溶解。

彩色像锦
赤橙黄绿青蓝紫

131

题名：南湖　　　　档号：T001-011-0977　　　　规格：15.4厘米×9.7厘米
类型：彩色像锦　　织制厂家：中国苏州东方红丝织厂

T001-011-0977

作品《南湖》织制于20世纪60年代，主要以红、绿两色表达画面内容。画面主体为南湖红船。红船为单夹弄丝网船，位于画面中心，且使用大红丝线，丝线光泽十分夺目。背景刻画船后的岸上民居与船下的荡漾碧波。画面构图、设色大方简朴，契合时代背景下的艺术风格。红船用红、白两色勾勒出清晰的轮廓，湖面则用绿、白两色塑造出水波的动感，显示出织造技艺之绝伦。中国共产党第一次全国代表大会在红船的中舱举行，因此作品颇有深意。

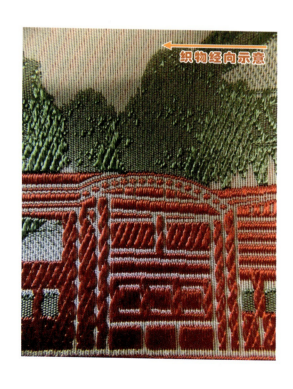

艺匠纹制

132

题名：白毛女（两幅）   档号：T001-011-1634   T001-011-1019

规格：12.7 厘米 ×20 厘米   类型：彩色像锦   织制厂家：中国苏州东方红丝织厂

T001-011-1634

T001-011-1019

织物经向示意

两幅《白毛女》作品均织制于 20 世纪 60 年代，取材自同名舞剧的一个经典场景，选取剧中最具特色的动作作为画面主体，一男一女穿着革命服装一展舞姿。女主角的舞姿精准而优美，四肢的动态伸展将画面做了自然的划分，是整幅作品的视觉中心。人物以黑白版画风格塑造，与之相对的是背景的亮色渐变。

两幅《白毛女》作品均由中国苏州东方红丝织厂织制，且构图一致。背景主色调一蓝一红，以深浅渐变染色的丝线提花织成，在经纬织造组织上选用最为基础的平纹结构，以彩丝点段式显色的疏密节奏变化调整色彩的明度与浓度，远观过渡自然，近看则有如像素艺术一样的视觉风格。相比于背景色相光影变化的柔和，主体人物则采用了黑白分明的剪影风格，边界感更明确，具有突出的视觉冲击力，也构成了时代艺术特色。

艺匠纹制
134

题名：杨子荣打虎上山　　档号：T001-011-1639　　规格：18.6厘米 × 28.5厘米
类型：彩色像锦　　　　　织制厂家：中国苏州东方红丝织厂

　　作品《杨子荣打虎上山》织制于 20 世纪 60 年代，取材自现代京剧《智取威虎山》中的一个场景，以该剧主角最经典的动作为主体画面，一男子立于雪中，呈金鸡独立之姿，双臂挥动，将厚重的斗篷振展开来，其目光坚定，身姿挺拔，较完美地将主角勇猛硬气的气质特点展现在画幅中。画面整体主要为黑白版画风格，凸显而出的是主角穿戴的亮黄色虎皮帽与虎皮马甲。

　　从像锦的构图和画面来看，该作品版面设计布局严谨，色彩层次鲜明。该像锦通过点、线、面的造型处理，运用典型化、突出化手法，着力对画面中的主要人物、景物进行设计，使主体图案占据中心位置，同时又对辅助对象进行精心刻画。作品选用黑色、白色与明黄色三种丝线，背景以灰白色为主要氛围色来表现冰天雪地之景；主体人物处则添加黄色丝线，塑造写实的虎皮马甲与毛绒质感，同时也突出了主要角色与环境的空间节奏。画面织造组织一致，以显色的点状密集设计营造出了光影的明暗效果。

艺匠纹制

136

题名：双虎图 档号：T001-011-0922 规格：26厘米×56厘米
类型：彩色像锦 织制厂家：杭州国华美术丝织厂

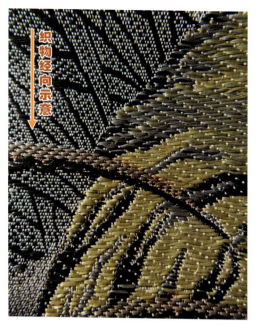 

织物经向示意

作品《双虎图》织制于民国时期,是一幅局部色织的像锦作品。主体的两只老虎由青色、黄色等色线织造塑型,色线的支数与地组织的织线支数形成差异,凸显出老虎与环境的主次关系。环境中的元素皆在同一平面内织造,在刻画树木、山石等处时加以彩绘丰富细节。

题名：五伦图　　档号：T001-011-0950　　规格：42.5厘米 × 92厘米
类型：彩色像锦　　织制厂家：不详

织物经向示意

彩色像锦 赤橙黄绿青蓝紫

139

  作品《五伦图》织制于20世纪50年代，以清代画家沈铨画作《五伦图》为蓝本织就，画作现藏于台北"故宫博物院"。作品取《五伦图》之典，以凤凰（孔雀）、仙鹤、鸳鸯、鹡鸰、黄莺分别代表君臣、父子、夫妇、兄弟、朋友之道，蕴含着深刻的传统文化内涵。

  作为一幅彩色像锦，此作品细节、光影、空间等内容的表达对匠人工艺技法的要求极高。以仙鹤翎羽部分的表现为例，贴身的白色绒羽处纬线跨经线数区间较大，并通过调整跨度大小实现形状细节的表达，与地组织形成对比，凸显出层次关系和羽毛的层叠厚重感；而在表现不同质感与形态特点的各处羽毛时，亦通过经纬组织的疏密节奏设计，以及显花处的造型指引，丰富了羽毛的种类，使得描绘对象栩栩如生。

  动物画属于花鸟国画的一种，一般遵循"宾主相应、虚实相生"的构图原则。中国传统动物国画很少展现完全真实的空间环境，更多采用动物四周留白的手法，同时受到"基本远近法"的影响。这种远近法分为两类，一类是基于布局与比例的"线性远近法"，另一类是依靠墨色的浓淡深浅来区分远近的"空气远近法"。正如此幅像锦中五对祥禽的坐落：凤凰（孔雀）一雌一雄，雄孔雀毛翎洒金，鸟冠、足爪刻画细致，写实至极，雌孔雀被雄孔雀遮蔽，只露半身；池中鸳鸯、树下仙鹤、翻飞鹡鸰、叶底黄莺都采用了"宾主相应"的表现手法。动物画像锦在整体淡设色的基调下，依循物象的轮廓或皮毛、羽毛的转折由浅入深地渲染，更适用于工艺品色泽的再现。

题名：松龄鹤寿　　档号：T001-011-0949　　规格：98厘米 × 40厘米
类型：彩色像锦　　织制厂家：不详

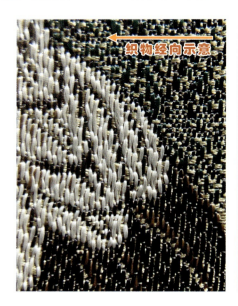

织物经向示意

彩色像锦 赤橙黄绿青蓝紫

T001-011-0943

　　作品《松龄鹤寿》织制于 20 世纪 50 年代，刻画了群鹤休憩的场景。画面采用平视视角，近距离观察正在原地休息的丹顶鹤，正因如此，画面中未选用透视方法，这也符合传统中国画的特点。

　　画面由两部分构成，主体为 10 只丹顶鹤，其头顶处为鲜艳的红色，颈部内侧与躯干上羽毛末端及尾羽处为黑色，除此之外，全身羽毛以白色呈现，与暖黄色丝织背景相协调。丹顶鹤作为中国历史上最具人气的文禽，在传统国画作品中经常出现，象征着吉庆长寿，在本土宗教或审美思想中亦占据十分重要的地位。丹顶鹤身后松植茂密生长，在衬托出主体形象的同时更传达出画面完整的意象内涵。

题名：丹林枫树相映红　　档号：T001-011-1303　　规格：343厘米 × 128厘米
类型：彩色像锦　　　　　织制厂家：杭州都锦生丝织厂

　　作品《丹林枫树相映红》织制于20世纪70年代，展现了山间秋景，构图巧妙而意境悠远，前景为渐红的枫树；中景为层峦叠嶂的山峰，其间通过留白展现云雾缭绕的画面效果；后景为远山，色彩渐淡，通过柔和的过渡表现层次和空间。此像锦作品是一幅大尺寸经典作品，由于幅面巨大，且经纬线支数与组织密度十分大，在视觉效果上表现出如同绘画艺术般的自然感与过渡性。近距离观察织造组织后可以发现，该作品用到了红色、金色、黑色和白色等各色丝线，通过散点式的显花着色聚积成面，最后组成宏伟和谐的层峦叠嶂之景。

题名：情侣　　　　　档号：T001-011-0893　　　　规格：31 厘米 × 30 厘米
类型：彩色像锦　　　织制厂家：不详

作品《情侣》织制于20世纪50年代，是对西方油画作品的织造复刻。场景为林间的一片空地，四周有花草、树丛、栅栏、房屋，通过虚实的刻画构造出空间的立体纵深感。画面中心为一男一女相伴而行，其着装为中世纪风格，衣物装饰华丽繁复，因此需要精细的工艺与高超的技术方可呈现。

此幅像锦创新地用毛线编织，纬向采用淡黄、粉红、褐色三色毛线，经向采用白、卡其二色毛线，生动地表现出西方男女晨礼服的服饰细节。毛线的绒感赋予了人物服饰的天鹅绒、蕾丝、毛毡、刺绣花卉等的质感，还细致地再现了人物卷发、五官神态等细节。作品在色彩表达上有意以色块相间的形式呈现，还原了油画的艺术特点，同时使用的毛线相比于其他作品更具体量，应是加入了其他种类的纤维，并对其进行加捻，通过细腻的重叠形成色彩和观感上的厚重感，如同油画笔触的叠加。

题名：牧马图 档号：T001-011-1472 规格：28.2厘米 × 31.3厘米
类型：彩色像锦 织制厂家：不详

织物经向示意

作品《牧马图》织制于民国时期，取材自唐代韩干的《牧马图》，画中一奚官身骑白马，牵一匹黑骏，并辔而行。奚官相貌、马匹圆臀短腿与唐皇室墓壁画相同，造型上体现了唐代画人马雄健肥壮的特征。整幅作品除了两马一人之外，别无他物，给人以无限的想象空间。其所取材作品中有印章数枚，可见历代收藏家对其钟爱有加，左上角更有宋徽宗题字："韩干真迹，丁亥御笔"。织造者在刻画时提炼了主体物的线条，更加凸显出物体的轮廓，也更加符合织锦的性质。

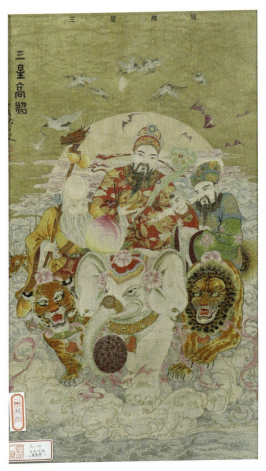 

题名：三星高照　　档号：T001-011-1497　　规格：39厘米 × 72厘米
类型：彩色像锦　　织制厂家：不详

作品《三星高照》织制于民国时期，织绘福、禄、寿三星和婴童，周围有吉兽虎、象、狮与鹿，空中飞有仙鹤与蝙蝠，取福寿安康之意。仙人吉兽皆腾云驾雾于海面，构图饱满，森罗万象。三星面容慈祥，为天下众生送去福气、功名与长寿祝福。画面绚丽多彩，主体以红色、黄色、绿色塑造，同时结合蓝色与白色，既提亮画面又衬托主体，背景以黄褐色反衬画面中心，突出层次感。虽是织品，却与图画无异，画面细节数不胜数，人物表情刻画生动，衣纹图案皆清晰可见，显示出当时彩色像锦高超的工艺水平。

彩色像锦 赤橙黄绿青蓝紫

此类像锦的取材与色彩等象征性的视觉符号承袭传统纹样的造物内涵，作品采用生动而丰富的造型，凝聚丰盈的内涵，形成传统社会约定俗成的吉祥符号，传达祈求美好的祝愿，具有典型的民俗象征性。在像锦设计中大量运用的题材，如雀、梅、鹤、牡丹、荷、石榴、松柏等，皆具有美好寓意，并采用谐音、借喻、归纳等手法表达民族特有的造物观和审美观。像锦将文化符号、道德教化、装饰审美融汇于一体，成为中国织造艺术方面重要的民俗符号。

题名：富贵耄耋　　档号：T001-011-0946　　规格：41厘米×60厘米
类型：彩色像锦　　织制厂家：不详

彩色像锦
赤橙黄绿青蓝紫
151

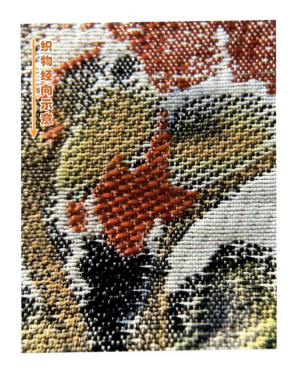

作品《富贵耄耋》织制于20世纪50年代，记录一童子手持牡丹戏耍，身旁猫仰头紧随童子，两只蝴蝶随花飞舞的生动瞬间。"猫蝶"即"耄耋"的谐音，古代人八十称"耄"，九十称"耋"，"耄耋"寓长寿之意。整幅作品以黑、白、红三色丝线织就，构图简洁，无任何背景衬托，童子与猫、蝶皆位于画面中心。童子带有向右奔跑下扑的动态趋势，更显活泼，织制过程中细节部分强调衣纹和五官，造型准确生动。猫、蝶与花卉的刻画采用织染结合的工艺，题款的篆书更是充满朴实无华的审美情调，而织造者也将其刻画得十分准确。

题名：苏州园林名胜——拙政园　　档号：T001-011-0849　　规格：18厘米 × 18厘米
类型：单面数码印花像锦　　　　织制厂家：不详

彩色像锦 赤橙黄绿青蓝紫

  作品《苏州园林名胜——拙政园》为单面数码印花像锦，作品的底层基础织物为平纹组织的机织品，经纬交织密度较大且均匀，织物表面平顺，没有提花工序特有的织物形态；同时，像锦表面的色彩厚薄均匀一致，在区分明暗区域时也未产生颜料的遗存和堆积，属于丝印像锦，也称作"绘画像锦"。绘画像锦通过线描、设色、皴法、细勾等表现形式对绘画作品进行装饰艺术布局和丝线织造，同时融合了印花织物的特点，呈现出的效果细腻逼真。不论是黑白、彩色风景像锦还是毛线、五色交织油画像锦，都表现出材质本身交织形成的影光效果，生动地再现了写实、写意绘画的笔触和色彩层次。数码织造工艺技术推动了丝织艺术的进步，使像锦材质肌理的艺术表达进一步升华。

艺匠纹制

156

题名：夕阳   档号：T001-011-0854   规格：18厘米 × 18厘米
类型：单面数码印花像锦   织制厂家：不详

作品《夕阳》是一幅单面数码印花像锦,以黄色为主色调,营造了夕阳残照下忧郁又沉稳的氛围。余晖与水面的倒影分割了画面主体,近景使用渔网意象又分隔了一层,使画面层次更加丰富,脱离了传统意义上的上下两层构图。色彩上将暗部的云层与远处的群山和近处的渔网处理成深灰色,水面则为带有金黄的灰色,以衬托出上下两处太阳的金光耀目,同时夕阳部分也是画面黑白灰关系中的白面,金黄色染料的使用使之更加夺目。

单面数码印花像锦在色彩表现与工艺上呈现出近似于数码照片的效果,似为数码仿真技术应用于纺织领域开发的新型像锦织物。采用以"点"显色和六基色显色的数码打印原理,以像素点的形式表现织物组织点,表现力强,质感丰满[1],在机器性能的加持下能够逼真再现彩色照片和绘画原作的风貌。

---

[1] 全数码高精细像锦织物 [J]. 天津纺织科技, 2011(3):6.

题名：四人木座雕塑　　　档号：T001-011-0850　　　规格：18厘米 × 18厘米
类型：单面数码印花像锦　　织制厂家：不详

　　作品《四人木座雕塑》选取四座唐代仕女陶俑像作为刻画对象,四座俑像呈弧形分布,平衡地依次排列在画面之中,其姿态一致,皆站姿挺拔、神态端庄;在着装表达上也异曲同工,头部倭堕髻,上身着短襦,下身裹长裙,于胸腰处以绸带系扎,外着半臂与披巾,彰显唐代的服饰特色。人物面部圆润,衣褶处的勾勒简约且形象,通过色彩与肌理的刻画区别出各衣物的差异。

艺匠纹制 *160*

题名：中国首家 ISO14000 示范区授牌纪念
档号：T001-011-0853　　　规格：18 厘米 × 18 厘米
类型：单面数码印花像锦　　织制厂家：不详

　　作品《中国首家ISO14000示范区授牌纪念》右下角印有"苏州市人民政府新区管理委员会"与"1999年9月16日"字样，似是苏州市人民政府新区管理委员会为纪念ISO14000示范区授牌而定制的礼品。画面记录下标志现代化发展的高楼大厦，林立的层层建筑也是时代的印记。这幅单面数码印花像锦用色数十种，在色彩调和的层次表现与明暗细节处理上尤其精细，天空中流动的云絮、生意盎然的绿化区域、各有特色的新旧建筑等均刻画得自然逼真。

题名：城市雕塑 档号：T001-011-0855 规格：18厘米 × 18厘米
类型：单面数码印花像锦 织制厂家：不详

作品《城市雕塑》记录了夕阳西下时分背光伫立的大型艺术景观雕塑。画面的色调温暖而艳丽,天空被阳光晕染成橙黄、粉红色。前景的雕塑背光肃穆,在余晖映照下,建筑的层层细节被刻画得精致入微,凸显出建筑装置的现代艺术美感。

题名：前鼎后屋　　　档号：T001-011-0851　　　规格：18厘米 × 18厘米
类型：单面数码印花像锦　　织制厂家：不详

T001-011-0851

彩色像锦 赤橙黄绿青蓝紫

165

题名：前水后屋　　　　档号：T001-011-0852　　　　规格：18厘米 × 18厘米
类型：单面数码印花像锦　织制厂家：不详

T001-011-0852

题名：前水后楼　　　　　档号：T001-011-0856　　　规格：18厘米×18厘米
类型：单面数码印花像锦　　织制厂家：不详

彩色像锦
赤橙黄绿青蓝紫

167

题名：前树后楼　　　　档号：T001-011-0857　　　　规格：18厘米 × 18厘米
类型：单面数码印花像锦　　织制厂家：不详

T001-011-0857

这四幅像锦作品均为单面数码印花像锦，是用印花机器将景观图像转印到机织的平纹织物表面而成的。由于底层织物具有经纬交叉的结构特征，图像在转印至表面时会形成规律而均匀的点状，如同放大状态的像素点，既保留了原始图像的色感、光影等，又丰富了画面的细节，增加了厚重感。

作品《前鼎后屋》采用鱼眼镜头（广角镜头），全景收录中式庭院的建筑和院内中央放置的鼎器，画面平衡对称，符合传统的中式美学规律。

作品《前水后屋》的取景与构图相对平稳简洁，前景的柳树枝条随风飘动，与水面上泛起的微波相呼应，和远处白墙红顶的建筑形成一动一静的对比，刻画出静谧的动态景象。

作品《前水后楼》色彩艳丽，以水天之蓝为主色调，白色宇厦在远处耸立，前景处石块大小不一，向远处延伸排列，应属人工布置出的景观。石路连接到右侧的砖红色廊桥，再连至陆地草坪，树木掩映间高楼林立，共同构建出五六层空间的排布。这幅单面数码印花像锦用色尤其丰富，显色点精细紧密，故而在色彩表现上过渡自然而真实，天空中的云絮、湖面的粼粼波光、石块表面的斑驳质感等栩栩如生，这也是数码印花像锦的共性与优势。

作品《前树后楼》构图十分新颖大胆，以近景的几棵绿树为主体，画面左侧还有延伸出去的树枝，增添了画面的写实感。左边两棵树之间的建筑群不仅填补了画面空白，还在构图视角上增加了层次。画面色彩饱和度高，很好地塑造出各主体物在阳光下的阴影层次变化，使画面如同照片般真实。在用色上以鲜亮的绿色为主，辅以白色，点缀以灰蓝色与橘红色，整体打造出晴空万里的美好景象。

像锦组织结构之美

像锦从传统织锦工艺中脱胎而来，凝练出其独属的工艺特色与艺术美感。作为肩负着展现材料美、技术美、情感美使命的近代代表性织锦，像锦继承了中国古代传统织锦工艺的精华，吸收同时期法国丝织工艺方法，引入能储存更多数量经线的贾卡织机，实现更丰富的纹样织造效果，提升织造效率，并突破了原有织机单幅幅宽范围内图案大小的限制，在意匠设计中图案题材、色彩、经纬丝数更加丰富，突破了传统手工色域的技术难点，并紧跟时代潮流，在向现代艺术的转化中形成全新的设计理念。

现代像锦是色彩与织物结构的完美结合。相比传统织锦生产出的像锦，现代像锦制作周期短，织物立体感强，图案层次丰富，并且提高经纬线的交织密度能充分表现图案质感和触感。它突破了原有提花织物由于色纱有限而造成的色彩表现上的限制，色彩层次最多达 4500 种以上。在丝织技术的发展及飞跃中，现代像锦通过最少的经纬线原色表现如此之多的交织色彩，实现织物色彩与结构的完美肌理表现。

随着显色从简单到复杂、从传统到现代，像锦肌理共经历了"黑白""黑白填彩""彩色"等阶段。作为一种近现代传承发展的工艺品，像锦的织造工艺简洁而多样，在不同的组织结构中呈现出别致的美感。以下根据经纬线色数的差异，选取黑白像锦与彩色像锦加以说明。

黑白像锦是由一组白色经线与黑、白两组纬线交织而成的。它的基本构成组织为地组织和花组织。地组织结构通过纬线和经线交织成平纹变化组织（经重平组织）。花组织之一的半点缎纹影光组织通过黑、白色经纬线交织成混合色调（深浅不一的灰色），花组织之二的圆点缎纹影光组织常常会过渡生硬、不匀，综合利用半点缎纹影光组织可以实现图像层次过渡均匀、柔和的效果。因此，在实际生产中，设计师很少单独使用半点缎纹影光组织和圆点缎纹影光组织，而是将二者结合。

彩色像锦是由两组经线和多组纬线交织而成的多重织物。经线分为两组，一组为地经，另一组为接结经。当起花的纬线浮于织物组织之外时，接结经将浮纬线压牢，使其和地组织接结牢。在纬线中，一组为地纬，其他纬线为起花纬线，称为花纬。彩色像锦主要有 1 经 3 纬、2 经 7 纬、2 经多纬等织物结构。其中，1 经 3 纬的织物结构多用于实用织锦产品，如像锦台毯、坐垫、靠垫、床罩、被面等，其结构是一组纬线和经线交织成地组织，另外两组纬线在地组织上起花，不起花时则在织物的反面和地组织交织。图 2 为起花纬线在起花部位和不起花部位交织状态的横断面示意图。

（a）地经：接结经为 4：1 的平纹组织

（b）地经：接结经为 4：1 的 8 枚经面组织

图 2　起花纬线在起花部位和不起花部位交织状态的横断面示意图

彩色像锦的组织结构主要有缎纹影光组织、缎纹影光纬浮组织、混合纬浮组织及缎纹影光混合纬浮组织四种类型。

以缎纹影光组织为例，其点绘方法与黑白像锦相同，主要区别在色彩表达，依据其织物结构和表现对象要求的不同，采用相应的颜色将影光组织点绘出来。在纬 5 重彩色像锦中，红、粉、蓝、黑四种彩色纬线凭借缎纹影光组织相互过渡，从而产生了色彩影光意匠效果图。纬 5 重织物，地组织使用纹针起平纹组织，地经线、接结经线排列比为 4：1，地纬线与花纬线的排列比为 1：4；地纬线与地经线交织成重平组织，接结经线的起法为 4 枚破斜纹组织。图 3 中数字表示地经线，字母表示接结经线，甲表示地纬线，乙表示起花纬线，丙 1、丙 2、丙 3 表示不起花纬线。

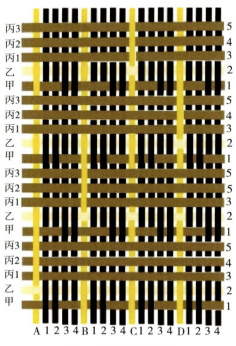

图 3　纬 5 重织物结构图

黑白经纬线交织的细节差异构成整幅画面的光影变化，在前面每一幅作品的细节图中，可以观察到交织结构的变换和特征。其中，黑色丝线多作为显色部分，在或密或疏的组织中合并成为明度递进、由浅灰至墨黑各个灰阶的块面，加入填彩后的效果更加丰富，色彩和空间感更加还原实景。而彩色经纬线交织出的效果更凸显肌理感和技艺之精，在细节图中可以看出色线的交替和叠加、过渡。

像锦手工技艺之美

1. 突破传统艺术的精美工艺

传统染织艺术的发展依靠技术的进步，技术手段也在矛盾冲突、交互融合过程中推动艺术走向社会和个体的审美文化选择。像锦是中国近代织锦工业中机械化、规模化生产的先驱，它开辟了织锦从手工织造走向工业化生产的新时代，在中国丝织艺术史上具有承前启后的重要意义。首先，与传统织锦制作工艺相比，它改变了传统手工拉花、机械式电力织机的历史，不仅凸显了丝线的本色纹样，而且使织物结构组织更加多元化。其次，像锦织机可解决传统织锦门幅无法完成大型绘画织锦的问题，满足了高密度条件下的多色纬选择，突出了织物的组织结构与色彩配置，并借用构图、造型元素创新打破了传统媒材范式，实现了像锦的创新设计。

2. 着色像锦的特殊加工工艺

传统织锦的显色过程可概括为经纬显色、匹料染色、织绘结合，其中织绘结合对设计师的艺术素养要求最高：在严谨的纺织图案上描绘恰当的色彩。意匠设计师在像锦的着色工序中使用小楷笔或者眉笔，根据画面主题将缤纷的水彩颜料按照美术要求着绘到黑白像锦上。着色前先对像锦的画面经营、主题、设色等进行构思，再按照透视、比例、光影审美等敷染颜料，也可依据画面灵活运用单色调，以减色增饰光华。相较于彩色像锦，单色调像锦生产成本低，但是色彩表现远较黑白像锦丰富，纯手工操作，小批量生产。例如苏州中国丝绸档案馆馆藏像锦《西湖苏堤春晓》在局部亭台处的着色工艺，与相同题材的黑白像锦相比，御碑亭、湖光、小船等突破传统平面的块状表现方法，生动逼真，使观者产生"人在画中游"的艺术感知。

3. 绘画像锦的名作再现工艺

名作再现并非先照搬原本画作，再添铭记、题跋成为"二手艺术"。实际上，绘画像锦经过设计者巧妙构思、合理布局，从门幅大小、提花针数、织物密度等方面综合考虑，从整体上还原中国画的美感。对美感的重塑也是设计中的一个关键环节。因为中国画本身就融汇了绘画、书法、印章及装裱艺术的多重美学观感，所以，转化了国画艺术的绘画像锦更像是凝练了形色、光影的微型画卷。此外，中国古代绘画多为长卷滚轴装裱，如将《清明上河图》《洛神赋图》《千里江山图》等长宽比例超过20∶1的画面运用到像锦中进行再设计则更费周折，一般的做法是将原画采用多段连接形式转化在像锦织幅中，并在版张边饰设计精致古朴的底纹和篆刻印章来进行衬托。《姑苏繁华图》（又名《盛世滋生图》）是清代宫廷画家徐扬创作的一幅巨作，全长12余米，今藏于辽宁省博物馆。原作展现了灵岩山、太湖、石湖、阊门、十里山塘、虎丘等处的繁荣景象，场景复杂、人物众多。要织制此作品难度极大，不过随着现代纺织技术的不断进步，织制此幅名作已不再是妄想。苏州中国丝绸档案馆中就藏有一幅《姑苏繁华图》真丝织锦长卷，该长卷将姑苏优美的风景、繁荣的景象纤毫毕现，生动体现了原作的神韵。（图4）

图4 《姑苏繁华图》局部

4. 实用像锦的生活化工艺

像锦设计艺术观念和表达方式的融合促成了生活化工艺。设计师们尝试增强丝织产品的实用性以提升销售业绩，进而在彩色像锦的基础上设计出质量上乘的实用像锦。他们将绘画艺术与装饰艺术融入生活方式，常选取人物图像和风景花卉作为主题。相较于传统织锦的服用功能，实用像锦的特色即突出工艺化风格。传统织锦的主要用途是制作服饰的面料，像锦则不同，自发明之日起即是一种强调装饰性、艺术性的工艺美术品。实用像锦种类包括挂历、绸扇、靠垫、床罩、手提袋等，其中手提袋原料是部分织物的边角料，既节约成本，又增加产量，深受国内外顾客的青睐。

  在像锦的美学内涵中，不同材质和工艺在不同时期的艺术表现一般都通过求新求变的技法表现其艺术特点，以符合实用和审美的功能需求。像锦艺术现代转化的关键点是唤起像锦艺术创作设计人群和受众的审美共鸣，使像锦成为生活的艺术、亲近的艺术，成为当代文化的重要组成部分，即保持艺术遗产的内在活力，让其在当代社会得到新的发展。不同形式、色彩、体量的匹配和对比塑造出像锦艺术独特的本原美、韵律美、装饰美、工艺美等，使消费者从工艺品中获得精神愉悦，同时也是像锦艺术价值的主要体现。

后 记

冬去春来,"中国丝绸档案馆馆藏集萃"系列丛书第二册《艺匠纹制——中国丝绸档案馆馆藏像锦档案》(以下简称《艺匠纹制》)终于和大家见面了。本书肇始于2019年年末,跨过艰难的抗疫时期,最终诞生在中华人民共和国成立75周年的初夏时节。

"中国丝绸档案馆馆藏集萃"系列丛书是中国丝绸档案馆打造的一套集史料研究、文化记忆和艺术鉴赏于一体的丝绸档案编研成果,内容突破传统档案史料范畴,形式打破档案出版物常规,为读者打开了一扇了解丝绸档案的新窗。丛书首册《芳华掠影——中国丝绸档案馆馆藏旗袍档案》(以下简称《芳华掠影》)让读者"窥一斑而见全豹",旗袍档案之美览书可见,自推出以来便受到了社会各界的广泛好评,这也增加了我们立足档案、跨界丝绸开展特色编研的信心和勇气。

时隔三年,《艺匠纹制》一书作为江苏省档案科技项目的重要成果之一,为读者奉上中国丝绸档案馆馆藏中数量众多且别具一格的像锦档案。馆藏像锦档案近七百件,它们似画非画,既有中国传统山水画的诗意流淌,又有现代照相艺术的真实再现,还有奇巧织锦技艺的具象呈现。本书在内容编排上颇费心思、数易其稿,在综合考虑了年代、题材、材质、工艺等因素后,最终选择以像锦的织制工艺为标准,将全书分为黑白像锦、黑白填彩像锦和彩色像锦三大篇章,既符合像锦织造工艺的发展演变,也在无形之中与以颜色分类的《芳华掠影》遥相呼应。此外,每件像锦档案都配有细节图展示其织物组织结构,部分造型独特的档案还辅以线描稿,希望能满足不同读者的阅读需求,方便其更好地感受像锦织造特点。值得一提的是,本书在编写过程中,对外与江南大学携手,引入牛犁老师团队的专业技术力量,实现产教融合发展;对内跨部门合作,像锦档案规范化整理、数字化建设、史料研究等工作同步开展,互为支持、相互促进,这也是中国丝绸档案馆档案工作协同化发展的有力体现。

本书的顺利出版,离不开中国丝绸档案馆工作人员与江南大学师生们的共同努力,也要感谢像锦收藏家刘立人先生等社会热心人士对中国丝绸档案馆的鼎力支持和慷慨捐赠,还有责任编辑王亮老师一以贯之的细致与耐心,以及设计师阎岚云老师匠心独具的设计与创意,在此一并谨致谢忱。

　　从旗袍到像锦,从《芳华掠影》到《艺匠纹制》,一丝一档一首歌。未来道阻且长,愿用我们的努力将曾经凝练成恒久,赓续中华文脉,讲好中国故事,用实践践行新时代档案人的使命担当。